看尽天下鸟

——父与子的观鸟人生

[美]丹·科佩尔 著
秦颖 程恳 译

山东科学技术出版社
·济南·

图书在版编目（CIP）数据

看尽天下鸟：父与子的观鸟人生 /（美）丹·科佩尔著；秦颖，程悬译．-- 济南：山东科学技术出版社，2022.2
ISBN 978-7-5723-0770-6

Ⅰ．①看… Ⅱ．①丹… ②秦… ③程… Ⅲ．①鸟类 - 普及读物②亲子关系 - 家庭教育 Ⅳ．① Q959.7-49 ② G78

中国版本图书馆 CIP 数据核字（2022）第 039551 号

看尽天下鸟：父与子的观鸟人生
KANJIN TIANXIA NIAO: FU YU ZI DE GUANNIAO RENSHENG

责任编辑：孙启东
装帧设计：李晨溪

主管单位：山东出版传媒股份有限公司
出 版 者：山东科学技术出版社
地址：济南市市中区舜耕路 517 号
邮编：250003　电话：（0531）82098088
网址：www.lkj.com.cn
电子邮件：sdkj@sdcbcm.com
发 行 者：山东科学技术出版社
地址：济南市市中区舜耕路 517 号
邮编：250003　电话：（0531）82098067
印 刷 者：山东新华印务有限公司
地址：济南市世纪大道 2366 号
邮编：250104　电话：（0531）82079112

规格：大 32 开（140mm × 203mm）
印张：8.75　**字数：**200 千
版次：2022 年 2 月第 1 版　**印次：**2022 年 2 月第 1 次印刷
定价：58.00 元

致我的父亲、母亲和弟弟吉姆

每个人都有自己上瘾的东西，无论是咖啡因、酒精还是尼古丁。作家丹·科佩尔的父亲理查德·科佩尔就是对观鸟情有独钟。作者深情而忠实地写下了父亲对观鸟和数鸟的痴迷。

——《奥杜邦》杂志

要成为超级观鸟者，需要终身投入。《看尽天下鸟》一书文笔敏锐，揭示了一种与自然相关的深层追求，并以观鸟者最熟知的方式表达出来：编目，分类，撰写庞大的物种清单。

——艾伦·特南特，《翱翔：与游隼共历天涯海角》作者

一个引人入胜的关于沉迷的故事……本书的魅力来自作者对心理学、自我剖析和旅行故事的完美融合。阅读起来，令人愉悦。

——《图书馆杂志》

一个诱人的故事，展现了独特的痴迷，更不用说那些华丽的鸟儿了。

——《科克斯评论》

理查德·科佩尔的观鸟生涯和他生活的静默谜团同样引人入胜。读完这本精彩的回忆录，我们都会赞叹理查德和他的狂热同伴，这些人让作者深深敬佩。

——《华盛顿新闻报》

不无遗憾……在这本真实坦率的书中，作者分享了父亲的故事，一个充满激情、梦想成为鸟类学家的男人，却在父母的期盼下成为一名医生。

——《出版人周刊》

丹·科佩尔对父亲的亲密描摹感人至深，富有洞察力。

——《卫报》（伦敦）

一本结构精巧的传记、自传、美国观鸟史……作者讲述的故事能吸引所有喜欢观鸟或者与观鸟者生活在一起的人，甚至任何痴迷追寻生活中某个闪光点的人。写得极好。

——《动物园爱好者》（史密森国家动物公园杂志）

关于作者

丹·科佩尔，著名的户外运动、自然荒野和探险活动作家，《国家地理探险》杂志特约编辑。经常为《奥杜邦》《男性杂志》《背包客》《大众科学》和《自行车》杂志撰稿。也在《纽约时报》《户外》《连线》《福布斯》《世界时装之苑》《玛莎·斯图尔特生活》《ESPN 杂志》《大都市》和《运动场》上发表过文章。《环法自行车赛之友》的联名作者。

1993 年，科佩尔成为《山地自行车》杂志（罗达乐出版社出版）的高级编辑，开始撰写户外探险故事。为了撰稿，他广泛游历了土耳其、委内瑞拉、智利、哥斯达黎加等地，以及整个北美地区。1995 年，他参加的骑行团队开创了骑行穿越墨西哥铜峡谷腹地的纪录；之后他又四次返回，探索那个偏僻的区域，绘制地图。因为铜峡谷的经历，他受邀成为一个考古团队的官方作者和观察员，该团队 2001 年对墨西哥偏远的皮亚斯特拉峡谷进行了考察，考察报告 2005 年在《国家地理探险》上刊出。1995 年开始，他一直为《山地自行车》杂志撰写“拥抱兔子”专栏，作为补白每月刊发。他曾为美国国际公共广播电台的“商界”栏目写时评，为派拉蒙电视台的《星球徒步：下一代》写脚本。他担任共同编剧的故事片《消失的词语》1995 年获葡萄牙里斯本国际电影节银奖、慕尼黑电影节故事片一等奖。

科佩尔在纽约皇后区长大，1983 年就读于马萨诸塞州阿默斯特镇汉普郡学院。曾在纽约市新学院大学、圣莫尼卡学院学习创意写作和非虚构写作，在加利福尼亚州立大学北岭分校学习考古学。2003 年入选位于科罗拉多州科斯特布特的山地自行车名人堂。现在生活在洛杉矶。

致　谢

本书若要论头功，非我父亲莫属。自我们一起从亚马孙游历归来后，五年中，他跟我通话的时间，我猜，比他这辈子跟任何人通话的时间都要长。他总是很乐意提供我所需要的信息，来核实一些微小的细节——第 962 号是什么鸟，美洲骨顶是什么时候从安第斯骨顶分离出来的——他会急匆匆地穿过房间去查找，然后告诉我。当我让他列出最喜欢的观鸟情景，我如愿以偿，而且速度之快远超我的预期。只要我有需要，他都能满足。

我的好奇心，来自父亲。我的原则性，来自父亲。若我还有一点自立自强的勇气，也是来自父亲的鼓励。我唯一的希望就是：自己能像他一样有一颗金子般的心。

讲述一则成功故事，当然得叙说那些走向成功过程中的痛苦和挫败。故事不可能只有正面而没有反面。在我回顾父亲这一生的时候，我竭力做到真诚，毫无保留。我敢肯定，书里涉及的一些内容，他并不希望我和盘托出，但我希望他能理解我为什么要讲述出来：因为那些都是他人生的有机组成部分。正是它们造就了他，造就了我和我弟弟。

父亲给予了我多少，语言真的不足以表达。我只能说声谢谢，同时希望我没有辜负他的期望。

当然，我从母亲那儿也获益良多。每当涉及一些敏感问题时，她总是那么坦率、诚恳。这些答案对我不仅颇有助益，也是一种宣泄，让我更加倾向于去理解和体谅母亲。我知道，对她来说谈论过去并不容易，而她能这么做，表明她是多么勇敢。母亲总是鼓励我要勇于创新，若没有她的支持，今天我不可能成为作家。（考虑到个人隐私，父亲和母亲谈到的一些人，多数情况下，我都改了名字和个性特征。）

真希望我是那种对自己的才华和天赋充满自信的作家，然而，即使我对自己缺乏信心，汉娜·鲁宾仍然坚定，她给予我的支持、慷慨和包容，无人能出其右。在我发现此事可行之前，她就知道这可以写成一本书，即使我心生犹豫，她也从来没有动摇过。我不知道自己是否告诉过她，对我来说，她是不可或缺的。

汉娜介绍我认识了罗琳·罗兰。罗琳一开始是我的经纪人。比我更早，她就发现我父亲、我，还有观鸟的故事可以写成一本书。她等了一年的时间，等来了一部极其可怕的初稿，又用了更多的时间指导我修改完善。当她创办了赫德森街出版社后，她告诉我的第一件事，就是想出版这本书。由她做我的编辑，那是何等愉快的事啊！

罗琳告诉我的第二件事是，她转行了，我得另找经纪人。她把斯特林洛德文学经纪公司的劳里·利斯介绍给我。劳里很干练，对我，对所有的合作者（据我所知）在关键时候总是给予帮助和支持，当然，也是一样严厉。

最初，父亲追逐7000种鸟的故事由莉萨·戈塞琳推荐给《奥杜邦》杂志发表。那是我写过的最长、最个人化的故事，莉萨做了专业加工。我特别感激她从故事构思到如何更好地讲述故事上所做的指导。其他杂志的编辑——吉尼福·伯果、彼得·弗拉克斯、马克·詹诺特、吉姆·梅格斯、斯科特·莫布雷、戴维·塞德曼、比尔·斯特里克兰——拨冗参加推介会，听我抛出“鸟的故事”这个概念，对我助益良多。有人还刊发了部分章节：第13章的部分内容发表于《奥杜邦》杂志，第8章发表于《大众科学》杂志，尾声发表于《背包族》杂志。

在观鸟界，布雷特·惠特尼素以时间自由、天赋超群而著称，他邀我游历巴西、得克萨斯的奥斯汀，颇有耐心地为我讲解极其复杂的科学概念，指导我了解现代鸟类学。彼得和金伯利·凯斯特纳邀我去他们家做客，彼得还慷慨应允我加入他在巴西任职期间的最后一次观鸟旅行。我跟吉姆·克莱门茨在他加利福尼亚州高地沙漠的家中度过了一个愉快的下午，之后他有问必答，回复总是非常详尽，对我大有裨益。汤姆·斯奈辛格、维克多·伊曼纽尔、乔尔·艾布拉姆森以及其他许多人拨冗接见我，娓娓而谈，帮我了解他们观鸟清单的世界。有十余位观鸟者和鸟类学家表示愿意接受我的电话采访，不少人邀请我去他们家做客。感谢他们。

最后，就个人而言，没有谁比乔斯林·希尼更信任我、关心我。在本书写作最困难的时候，她是我的精神支柱。我还要感谢亚力克西斯·阿姆斯特丹、德博拉·斯特恩、克里斯·瑞安、莉萨·纳波利和海伦·吉姆，特别感谢利拉·金兹利。其他一些朋友，汤姆·哈金斯、马特·菲利普、埃米·科利尔、马克·里迪、扎帕塔·埃斯皮诺萨，他们在支持和鼓励我的同时，还要忍受我随意变动截稿日期以及阴晴不定的情绪。此外还有一些朋友，包括莉萨·詹尼罗、杰斯·霍尔、米歇尔·马丁内斯，他们阅读了部分手稿，让我避免了无数的错误。

在书后的参考文献里我列出了参阅的大部分研究资料，在此特别要提到两本书：一本是马克·巴罗的《为鸟疯狂：奥杜邦之后的美国鸟类学》，一本是约瑟夫·卡斯特纳的《观看者的世界：美国人情迷鸟类野史》。如果没有这些详尽的研究著作，关于美国人如何学习观鸟，为什么要去数鸟，我的理解将远远达不到现在的水平；若希望深入了解我在第2、第3章里简述的观鸟活动与鸟类学的历史，以上这些书可以提供更详尽的介绍。

上面列举了很多帮助我的人，仍然挂一漏万，有许多人的名字都没有提到，是他们给我的书增光添彩。但书中若有任何差错或不当，责任完全在我，在此表达诚挚的歉意。我还要向所有在观鸟活动中留下足迹的“鸟人（Birder）”[①]——特别是超级鸟人——表达敬意。在我竭尽全力寻找谁是世界顶级鸟人的过程中，肯定有许多名字被我忽略了，没有收录进来，请原谅我的失察。

① Birder：鸟人，观鸟者（bird watcher）的简称，指在野外观察或鉴别野鸟的人。自然爱好者喜欢“鸟人”这个称呼。——译者注

序

父亲和我在内格罗河[1]上一个偏僻的岛上喝着香槟。这条乌黑的河在巴西汇入亚马孙河。出发前，我在背包里藏了一瓶酒，还为同行的鸟友准备了纸杯。我们碰杯，话语简短。对父亲来说，酒杯一举，他就算加入精英团了。这个团体总共也不过十余人，活着的或离世的，他们都曾见过7000余种鸟，这个里程碑数字，父亲刚刚也达到了。这是父亲50年观鸟生涯的巅峰。对同行的鸟友来说，看到亚马孙黑霸鹟———一种与我们游历的这条河颜色相仿的小型鹟类——不过是增加了一个鸟种。

可是，这项活动追逐的就是观鸟数字啊！

父亲和我一直在旅行——坐在嘎吱作响的小木船里逆流而上，在泥泞的道路上蹒跚前移，在浓密潮湿的雨林中穿行——一晃就快两个星期了。我40岁的生日快到了。自少年时代以来，我第一次跟父亲一起待这么长的时间。回顾我的童年，我们待在一起的时候，关注点只有鸟，就像现在一样。父亲观鸟，我

① 内格罗河，又译为黑河，因沿岸沼泽多腐殖质致河水呈乌黑色而得名。该河为亚马孙河北岸最大的一条支流，发源于哥伦比亚，在巴西汇入亚马孙河。——译者注

看着父亲观鸟。

我父亲理查德·科佩尔在巴西加入的这个观鸟团，成员都像他一样，是心无旁骛、争强好胜的观鸟者，或者说“鸟人”（他们喜欢这个称呼），也叫“超级记录者”。全球已知鸟种大概有9600种[①]。约250人见过5000种；约100人见过6000种；见过7000种的那12人，正在向8000种冲刺；8000种这个成绩，只有两位“鸟人”问鼎，目前仅一人健在[②]。

观鸟超过7000种，是任重而道远的事业。美国和加拿大的鸟类只有区区900来种。你得远涉重洋，到这个星球最偏远的角落去寻找；你得具备超凡的素质——专注执着、特立独行、着道入魔，甚至抛弃一切羁绊——家庭、事业以及其他爱好；等等。对大多数超级记录者来说，耽溺于这项艰辛而忘我的事业是受环境、野心和心魔的驱使，以及一点儿还未丧失的清醒：逃离这些胁迫的唯一方法，就是以同样的魔劲去追逐其他目标。

若要将超级记录者的追猎行为归入某种行为方式，那就是想清点一切的强迫症。父亲会清点他读过的书和品尝过的奶酪。我还碰到过这样的清单记录者，他们统计坐过的飞机、喝过星巴克咖啡的州郡以及各种奇遇。看尽天下鸟，是一种古怪，甚至可能是悲剧性的追求。菲比·斯内辛格，世界上两个观鸟超过8000种的人之一，在诊断出癌症之后成为一名鸟类超级

---

① 关于全球鸟类数量，一般来说约有10,000种。书中多处谈到，而且有专章讨论。数字变化或不确定的因素有二：一是新发现了全新的鸟种；二是更主要的原因，即新技术（比如DNA分析）和信息使我们对地理种群的分化有了新的认识。——译者注

② 目前，世界上目击鸟种最多的人为英国的乔恩·霍恩巴克（Jon Hornbuckle），已达9600种。——译者注

记录者。当被告知生命只剩下六个月时，她决定放弃治疗，去追逐鸟类。她又生龙活虎地活了 17 年，追鸟 17 年，最后在马达加斯加一条偏远的路上因车祸丧生，当时她即将找到她的第 8500 种鸟。她一度说要停下来，因为要达到更高的数字，就必须深入遥远而危险的地方。然而，她也承认，她停不下来。对父亲来说，只有一件事比追逐鸟类更重要，那就是抽烟。父亲是医生，可他却戒不了烟，直到看见他的第 7000 种鸟。他经历了癌症和心梗的双重打击，身体恢复之后，便从观鸟清单中寻求安慰。他将半个世纪的观鸟记录重新排序，编排成册。

在巴西雅乌国家公园，我将香槟收起来。一时的心血来潮慢慢平复后，好奇心再次冒了出来——我这一生一直如此——我试图去理解父亲不断燃烧的激情：为什么？为什么要计算观鸟种数？接下来的十年间，我一直想找出答案。这追问又引出了更多的问题，涉及科学、个性和欲望。父亲颇有才华，纵观他的一生，却多不能如其所愿。他唯有通过观鸟、整理记录和清单，就像园丁养护花草来摆脱内心的失望和忧伤。在旅行途中，我与父亲的沟通既愉快又艰难。我看到了他自暴自弃的一面，多少年来，他把自己部分屏蔽在家庭和亲情之外。我也看到了他自持隐忍的一面，他那颗温厚的心被伤痛隐藏，若非细心观察难以发现。观鸟清单数字每一次的增加，都是那颗深藏不露的心灵的凯旋，因为，它不仅仅见证了这种“魔怔”的正当，也见证了优雅和荣耀。

父亲和超级记录者们不只是在追求数字，他们也是在追求生命本身的意义。不久之前，人们认为地球上的鸟类也就 6000 种。大概十年后，大多数鸟类学家相信，鸟的种类应该有这个数的三倍之多。这并非是有新的物种进化出来，而是科学家对物种的定义有了新的认识。这一前沿性的思考——鸟类也包含其中——对人类的认知产生了深远影响。物种形成就是进化。进化决定了我们是谁，决定了这个星球上有哪些生命存在。我希望这本书能够向人们展示，追逐鸟类不仅与探索人类生存的科学密切相关，而且其本身也是一种科学探索。我希望这本书对那些满足于在院子里通过饲鸟器观赏鸟类的人，也有科学意义。我希望这本书能够表明，为什么鸟类——尤其是鸟类——能够帮助我们认识这一切。出于同样的原因，达尔文用雀类来演示他的理论，因为它们活泼好动、绚丽多彩、鸣唱婉转，演化特征容易辨识，这也是鸟类广受喜爱的原因。人们为这种会飞翔、歌唱、筑巢和打斗的生物着迷，一点儿也不奇怪。

看尽天下鸟不是一件容易的事。这需要策略、金钱和时间，有时候还很沉闷、很危险，常有荒唐可笑的事情发生。观鸟活动潜藏的"游戏"里包含了错综复杂的方法、规则和竞争。曾有"鸟人"因为作弊而被踢出圈外，有的为目击记录的标准之争而两败俱伤。现代的观鸟，看见并不是获得认可的唯一方式，如今多数"鸟人"已经将听到叫声列入记录当中。"鸟人"自己的清单也在不断变化，会经常更新和重新分类：流水账似的记录，会按照年份、区域、类群、科属以及所有可能想到的标准进行分类组合。

父亲说，清单"让人上瘾，就像其他癖好一样"。父亲大半辈子的行医生涯都在治疗他人身体的疾病，他却不会去分析自己执着于清单的动机，对此我毫不奇怪。他说："我没法解释。我甚至不能说这么做使我感到愉快。这仅仅是我想做的事情而已。”

但是，我想对此进行解释，我想去理解。我知道父亲不会赞同我书里的所有内容，不会赞同我总结出来的驱动他疯狂追鸟的许多结论，我披露出来的一些事情也可能会让他不高兴。但这就是爱的本质，尤其是父子之爱。在经历了如此多的困难、痛苦，终于成功了之后，父亲留给了我丰厚的遗产。我并不想抬高它，将之理想化。父亲的故事是有苦有乐的真实人生，唯其如此才更美丽。

在写作本书的过程中，我经常跟父亲通电话。我将这些采访整理成了几百页的笔记。我通过鸟来了解他，作为进入他的生活的敲门砖。采访有时候挺烦人的，有时候倒也有趣，更多的时候则是痛苦的。父亲总是匆匆忙忙地想把话讲完。开始的时候，我只当他对回忆往事不耐烦，他一贯如此。但后来他说漏了嘴。当时他快 70 岁了，他说：“我很担心你还没听完整个故事我就出什么状况了。我想快点说完，这样你就能把书写出来。”

他想让我看完他的总清单，也想把清单传给我。只有当我正式拥有这份清单的时候，我才确切地知道自己得到的是什么，也只有当我开始阅读这份枯燥却条理分明的清单后，我才意识到，这计数的人生中包含了怎样不同寻常的生活。在造物之中去寻找自身的位置，一念执着，不断追寻，唯有人类如此。看每一只鸟，是看到一切的途径，也是试图了解一切的途径。这样的尝试在人类历史的发展中留下了痕迹，凡宗教、艺术和科学无处不见；它们充满了诱惑，有时也是危险的。我要讲的故事，就是如何找到进入诱惑的途径，同时又能全身而退。

目录

鸟类邮票说明

只有当鸟出现在你的邮件上时，你才会留意它们。鸟类是全球最受欢迎的邮票主题，而克里斯·吉宾斯在集邮界的地位，相当于观鸟界的顶级记录者。自1970年起，他收集了超过12,140张鸟类邮票，包括2950个种类，并根据理查德·霍华德和阿利克·穆尔的《世界鸟类名录大全》对收藏进行分类编排。本书各章所用的邮票图片均由吉宾斯提供，它们展现了各章中所提及的某种特别的鸟。需要说明的是，发行邮票的国家不一定就是该鸟种在书中提及的目击地。吉宾斯的收藏可以根据邮票、国别或物种在www.bird-stamps.org查看。

第1章 褐弯嘴嘲鸫

这只鸟让我着迷。我跟朋友迈克·菲茨杰拉德花了好多时间，在皇后区邱园山周边的灌木丛、水洼、沼泽游荡。5月，发现了几处褐弯嘴嘲鸫的窝。窝里都是两枚卵。书上说通常有四枚。于是我们给曼哈顿美国自然博物馆的鸟类学部打电话。显然，他们也不知道为什么只有两枚。接电话的人问我们住在哪儿，并且建议去皇后区鸟类俱乐部问问。我们去了，这便是我观鸟的起点。

——褐弯嘴嘲鸫（*Toxostoma rufum*）

1947年夏，纽约法拉盛，#24

当时，那男孩还认不全天上飞的东西。第二次世界大战刚刚过去，他 12 岁——正是对任何从云端嗡嗡飞过的东西都会兴奋的年纪。通过共和雷电战斗机，他知道了 B-24 轰炸机，它们就是在离这个孩子站的树林几千米外的地方生产出来的。此时此刻，他正往橡树林里探视，人类制造的飞行物似乎已退居其次。

那是 1947 年夏季一个和煦的傍晚，我的父亲理查德·科佩尔骑着单车离开了家，一直朝北走，穿过皇后区，往海岸边蹬去，东河[①]在那里与长岛湾相连。他已经连续几个星期跑去那里，查看正忙着孵卵的鸟儿。他一趟又一趟地去看，完全着了迷，却不清楚究竟是为什么。

是什么鸟？他想知道。他清楚，若要了解这种鸟，就必须知道它的名字。褐弯嘴嘲鸫的叫声滑稽而清脆，在约翰·詹姆斯·奥杜邦[②]的笔下，它是“乡村孩童所熟悉的”一种鸟。而纽约的这一片居民区，跟当年那位博物学家眼中的景观迥异，当然，这个时候的理查德还完全不知道奥杜邦是谁。他只知道这只鸟大概有 30 厘米长，很有意思。它不是呆呆地栖息在灌木丛里，而是精力旺盛地动个不停，这让他很有些吃惊。当他将单车靠着一棵树停稳，慢慢地靠近鸟窝，近距离察看时，这只鸟会喳喳叫起来，准备反击入侵者，保护鸟巢。

是什么鸟？这男孩近来对天文学颇感兴趣，认得几颗星星，但城市的夜空时常被雾霭和闪烁的荧光所干扰。一天傍晚，他

---

① 东河：东河不是一条河，而是一条潮汐汊道，南端是纽约湾，北端是长岛湾，西边是曼哈顿岛，东边是长岛。布鲁克林区和皇后区位于长岛西部。——译者注

② 约翰·詹姆斯·奥杜邦（John James Audubon，1785—1851）：美国著名博物学家、艺术家，其作品《美洲鸟类》是划时代的博物经典。——译者注

邀上朋友菲茨杰拉德一起去看鸟巢。从此，两个小家伙都着迷了。他们商量好后，在一个周六，骑车去了社区图书馆。翻看了好几本书，他们反倒糊涂了，这么多鸟，怎么弄得清楚呀？

理查德留意到，鸟的眼睛是黄色的，在地上跳来跳去，将枯叶推到一边。他还看到它从土里啄食甲虫和蠕虫。他曾问过父母亲那是什么，他们推测可能是一种嘲鸫。他的父亲来自奥地利的乡村，至今念念不忘在那里度过的童年时光，周末时常开车带着男孩去城市北部的山里走走。

后来，他们在其中一本书里翻到一种叫“褐弯嘴嘲鸫”的鸟图，像极了。书上说，这种鸟一次产四枚卵。可两个男孩查看过好几个巢，从来没有见到超过两枚的。

会是褐弯嘴嘲鸫吗？

理查德想起来，他曾去过位于曼哈顿的美国自然博物馆参观天文馆，看见博物馆有一个展厅里全都是鸟，无数的鸟类标本陈列在实景模型中。于是两个男孩给博物馆打电话，得知在家附近有一个机构，可以解答他们关于鸟类的所有问题。

两个男孩骑单车去了约翰·鲍恩故居——皇后区最古老的房子。它建于1661年，屋旁有一个更著名的地标：垂枝山毛榉，北美洲迄今发现的所有同科树木的祖先。皇后区鸟类俱乐部每个月都在这棵树下碰头，在逐一搜寻每一根枝干后，才进到“垂枝山毛榉屋”里正式聚会。纽约的每一个区都有这么一个组织，为了本区拥有鸟类的数目和最佳“鸟人”，相互之间竞争激烈。会上，一些人对比清单，一些人播放照片，然后讨论下一步的出行计划。聚会上总有一两张新面孔出现，小孩子总是受欢迎的。两个12岁的孩子插进来问问题，不但没人介意，相反大

家还挺高兴。

该组织的发起人之一亚瑟·斯科佩克是个摄影迷，能用刚刚上市的一种新型“柯达彩色胶片”制作出绝妙的影像。他经常带幻灯机来参加聚会。那天，他把灯光调暗，打开片夹，影像闪现在快速展开的屏幕上，照片对焦清晰，完美至极。那鸟看上去凶巴巴的，一副要打架的样子。“这种鸟非常活泼，”斯科佩克说，“这也是它叫鸫的原因。”他接着说：“这是一只褐弯嘴嘲鸫。”调亮灯光，斯科佩克给两个男孩看一本超大开本的奥杜邦的《美洲鸟类》，并翻到用描金字印刷的介绍博物学家的那一页。理查德来回读了两遍。斯科佩克又让孩子们看一本口袋书，上面有许许多多的鸟类名字和特征描述。他告诉两个孩子，俱乐部向对鸟类感兴趣的所有人开放，无论年龄大小、有无经验都欢迎。

两个孩子兴奋不已。他们完全可以肯定，他们看到的就是褐弯嘴嘲鸫。但那个问题仍悬而未决。卵是怎么回事？为什么是两枚而不是四枚？

斯科佩克笑了起来。“这正是观鸟有趣的地方。”他说，“野外所见不会总是符合你的期望。你永远也不知道自己会发现什么，你甚至可能发现全新的东西。”

理查德开始“数鸟”那时候皇后区的模样，如今仍然可见一二，当然得格外用心才能发现。想象一下，你身在纽约市中心，从中央车站登上地铁七号线一路往东走，从地狱门下面经过，穿过杰克逊高地和阿斯托利亚的地下隧道，来到皇后区广场的高架轨道上，城市最繁忙的地铁停在了曼哈顿之外。往窗外望去，到处是公寓和低矮的厂房，当年的许多工业设施如今或闲置或改建成了公寓。一切几乎尽收眼底，就像50年前一样，只是更加繁忙。1917年，纽约市的私营交通机构开始修建这条地铁线，当时被称之为伍德赛德/科罗纳线。1928年1月，地铁落成，终点站位于法拉盛主街。地铁开建的时候，皇后区基本上是一片乡村，随后这个区沿着新开的地铁线发展起来，其狭窄的生活区成为数百万移民去往郊区定居的中转站。

在今天的谢亚体育馆站下车，需要稍稍绕点路才能到达法拉盛主街。蓝色运动中心，纽约大都会队的主场，紧邻法拉盛草地公园。这片区域曾是1964年世界博览会会址的一部分，留存至今的遗存，最著名的是旧会场中心那座巨型钢构架地球仪，重约32万吨、直径约43米。但父亲对此地的最初印象，则是1939年世界博览会。更早那届博览会会址也在此地，其标志性建筑是尖角塔和圆球。一个稍小一些、锈迹斑斑的球体被称为“佩里球”，竖在一座名为“特赖龙”的高耸的尖塔旁，象征着未来之城的“民主”愿景。显然，乌托邦微缩景观似的未来无法预测，诸如此类的东西几乎无一例外代表了一种毫无结果的乐观主义。但是1939年的博览会确实给美国带来了数十样东西，包括第一台商用电视机、荧光照明灯、博登的“奶牛埃尔西”[①]，它们将构建这个国家的未来。

我之所以提起埃尔西，是因为父亲首先回想起的就是这个奶牛吉祥物。博登的技术员演示的自动牛奶机给他留下了深刻的印象。他们的穿着，不是农场工人的连体工装，而是一尘不

① 奶牛埃尔西：博登乳品公司于1936年设计的吉祥物，19世纪90年代博登公司倒闭后，被斯马克公司继承。——译者注

染的实验室防护罩衣。父亲之所以记得这些，很可能是因为我的祖父在那个展台流连再三，他有割不断的乡愁，也忘不了东欧乡间的放牧场。接下来的回忆，其重要性远远超过科学的乳制品生产流程：美国自然博物馆的海登天文馆，部分搬到了博览会上，对太空和天文学做了一个全景展示。其中一个展厅里展示的“宇宙射线发电机”，父亲忆起来，至今仍历历在目。主观测台上一台盖革计数器被连接到皇后区观测站，能量从一盏霓虹灯传送到另一盏，闪烁的霓虹投射在星图上。父亲看入了迷，才四岁的小小年纪就立志要成为一名科学家。那天从布鲁克林来看展的一个名叫卡尔·萨根[①]的五岁男孩也立下了同样的志向。

父亲对这届博览会最后的记忆颇具象征含义。那是一幅墨卡托投影地图[②]，铺满整个房间，展示除南极之外的整个地球。虽然当时已经绘制出了南极地图，但美国海事委员会认为南极没有经过实地勘察。这张地图有一个网球场那么大，父亲站在那里，惊叹不已，盯着它，仿佛永远也看不够，最后是他父亲拽着他离开的。那可能是他第一次明白，原来纽约之外，还有一个世界。如今，一张小的墨卡托地图挂在父亲位于长岛家里的书房墙上，上面钉满彩色图钉，标记了他到访过、停留过、具有里程碑意义和准备要去的地方。

从博览会回到家，父亲向他的父母表示，长大后要成为一名天文学家。他不记得他们当时的反应了。之后，当他的兴趣

① 卡尔·萨根（Carl Edward Sagan，1934—1996）：美国天文学家、科学传播者，主要研究外星生命。——译者注

② 根据数学模型将三维球体变成二维平面的一种地图，此概念于1569年由弗莱明的地图制图员墨卡托提出，它成功地将球形的实体航海工具转化成装饰客厅的物件。——作者注

转向鸟类，他父母的反应近乎敌意，那是对任何可能妨碍实现他们的目标——让儿子成为医生——的事情强烈反对的态度。那敌意后来成为父亲被压抑的欲望之源头，观鸟“魔怔”的发端。

今天，那届老世界博览会会址已经成为历史，留下的少数几幢建筑大多只剩下一个空壳。当你坐上地铁继续往东走，你将看见最重要的景观，那就是环绕在法拉盛草地周边的建筑。1939年世界博览会之前，维勒特枢纽是个小站，只有一个上下阶梯，改建之后，其设施足以应付数万的上班族。它是皇后区发展的一个缩影。在20世纪40年代，法拉盛草地周边仍然还是湿地、溪流和几片森林。斯科佩克还记得不下一打地名，帕克池塘、湾畔森林、沙口，到处都是古冰川留下的巨大漂砾，这一切跟“你在东部海岸线发现的任何荒野毫无二致”。正如城市公园署所称，那是纽约市的“蛮荒之地”，是让人惊叹的庞杂的野生动物的家园。20世纪50年代，约翰·基兰[①]在《纽约市博物志》里写道：“五种鸥，六种鸭，大量的鸣禽。”林鸟在橡树和唐棣树上营巢、歌唱；滨鸟沿着海滨觅食，海滩上各种多刺的仙人掌成行成列；春天里，数不胜数的池塘里满是青蛙和蝾螈。这些池塘被称作“壶”，因为地下有大片的蓄水层补给水源。在成为城市的一部分之前，有关此地的描述中，野生动物格外亮眼：1670年，丹尼尔·登顿[②]在距法拉盛东部几千米一个牙买加人的定居点记载了“火鸡、草原松鸡、山齿

① 约翰·基兰（John Kieran，1892—1981）：美国作家、记者、业余博物学家、广播电视主持人，著有《奥杜邦》《城市鸟类学：150年中纽约城的鸟》《野花入门》等。——译者注

② 丹尼尔·登顿（Daniel Denton，1626—1703）：美国早期殖民者，出生于英格兰约克夏，曾带队进入北新泽西州内陆探险。1670年在伦敦出版《纽约简介》，这是最早描绘这一地区的英文图书。——译者注

鹎、灰山鹑、鹤、几种雁、黑雁、绿头鸭、赤颈鸭、绿翅鸭……各种各样的鸣禽”。登顿还提到，在离海岸不远处，有“各种数不清的”海豹和鲸鱼。200年之后，皇后区的变化仍然不大：沃尔特·惠特曼[①]在19世纪70年代来此考察，将之描述为“溪流可人、饮水甘甜”之地。

20世纪，变化来得快多了。到地铁开始修建时，皇后区不再是穷乡僻壤，在靠近曼哈顿的地方有了些工业，包括施坦威钢琴厂，但还是保留着乡村特色，有超过200个农场。第二次世界大战开始的时候，这个区正经历着巨变带来的阵痛。20世纪30年代，罗伯特·摩西[②]把桥修到了皇后区，还将这片区域用林荫大道划分成片。1920~1930年，这里的居民从46万发展到107.9万，翻了一番还多。这意味着更多的火车、道路和房屋，但鸟儿还没有大量减少。“因为道路的缘故，鸟儿被分割到了公园之中。”斯科佩克说，“直到20世纪40年代，那里还有大量的空地。”父亲辨认褐弯嘴嘲鸫那个时候，皇后区的鸟类还很丰富。虽说登顿描述过的很多鸟已经不在这里，被从欧洲引进的鸟种赶走了，但鸟类俱乐部一年一度的圣诞观鸟比赛[③]通常都能观测到超过100种，那数字按人均来算远远超过了今天的计数（今天的总数会多一些，是因为有更多的人参与）。

如今，地铁出站口开在法拉盛主街上。跨出站台，走上人行道，你会为眼前所见感到震惊。周边的景物已经变了，一本

---

① 沃尔特·惠特曼（Walt Whitman，1819—1892）：美国著名诗人，代表作品为诗集《草叶集》。——译者注

② 罗伯特·摩西（Robert Moses，1888—1981）：美国纽约市政府官员，纽约传奇人物，他在公共工程规划方面的业绩改变了纽约的面貌。——译者注

③ 通常认为1900年奥杜邦协会会刊《鸟界》（Bird-lore）主编、鸟类学家弗兰克·查普曼（Frank Chapman，1864—1945）发起的圣诞观鸟比赛是现代观鸟比赛的起点。——译者注

旅游手册将之描述为“纽约真正的唐人街”。这个说法不完全准确。这里的亚洲新移民来自许多不同的国家，总人数远超像我祖父那样20世纪三四十年代在主街沿线居住的犹太移民。商店门口悬挂的招牌，语言五花八门，字体多种多样。任何东西闻上去都鲜美无比，有异国风味。街头巷尾，旮旯角落，到处都是人。

过去的情况与现在完全不同。我还是个孩子时，祖父还健在，弟弟和我会徒步去主街。那个时候，路两边全是低矮的花园公寓、联排屋和店铺，熟食店、犹太肉铺、小餐馆、面包店，铺面都不大，整片街区有一种古早世界的感觉。我问父亲有关主街的旧事，他觉得应该是介乎现代与登顿描绘的荒野世界之间吧。当年的犹太肉铺如今变成了越南米粉店。“主街的南面，”父亲理查德说，“也就是我住的地方，跟今天没有太大的区别，至少，建筑都还差不多。”他笑了笑，我从中读出了淡淡的怀旧思绪，“但是，北面除了森林和沼泽，什么也没有。那里到处都是鸟。”

还有希望。那里充满了希望。

观鸟这种“魔怔”会随着人生中遇到的挫折和变化慢慢发展，也会因责任而加剧。父亲跟他的朋友居住的地方掺杂了新旧两个世界。那里既是希望之乡，也是人间地狱；既有自由和解放，也有责任和义务。要理解是什么驱使理查德陷入了那种“魔怔”般的求索——它几乎全方位地吞噬着他的生命，有时候还让人窒息——你得审视他的双面人生。它起始于发生在我祖父母身上的更深层次的分裂，不是群体的，而是极度个人化

的、隐秘的。

1920年圣诞节，一艘挂着法国国旗的航船“洛林号”，从法国勒阿弗尔出发，经过九天的航行，跨越大西洋抵达纽约港。成百上千的移民，大多数是东欧的犹太人，从拥挤的统舱里出来，走进埃利斯岛①上的入境大厅。祖父的移民审核记录是这样的：摩西·科佩尔，24岁，希伯来人，国籍波兰，奥地利维也纳居民，职业一栏为“劳工”。所有这些信息，从表面上看都是真的，也确实反映了他过往的经历。记录在同一页上面、从“洛林号”下来的其他28个人是如此，上百万人都是如此。但我们关注的是细节，我们要从中寻找线索，那些残留的关于摩西、他的孩子、他的孙子的未来命运的蛛丝马迹。

祖父的名字和国籍变更过三次。他出生在喀尔巴阡山脉脚下一个叫加利西亚的地方，当时还是奥匈帝国的一部分，今天大部分在波兰和乌克兰境内。在加利西亚，祖父的大部分时间是跟马一起度过的。我还记得，小的时候听他说起过骑马。我问他是否想过找一片牧场，比如说纽约的北部，重操旧业，养马放牧。他摇摇头，好像那一扇门已经关闭。第一次世界大战中，莫伊舍·科佩尔（他出生时的名字）曾为奥匈帝国而战斗过。如果说他宁静的童年，还留下了些什么，他也将之深深地锁闭了起来。他只是以一个成年人的视角，带着惆怅、怀旧的心态来看待。他入伍当步兵的经历，虽说不是禁区，他却从来不谈他曾见证过的残暴。在德国边境挖战壕的时候，他曾经暴

---

① 埃利斯岛：纽约历史名胜，位于纽约东河与哈德孙河交汇处，曾经用作联邦政府的堡垒和火药库。1892年1月1日，埃利斯岛作为移民站正式启用，成为每一位要入境的美国新大陆移民的必经站，之后的60年间有超过1200万的移民由此抵达。——译者注

露在二氯二乙硫醚（这是这一化学药剂最初的名称，广为人知的名称是芥子气）中[①]。

战争让莫伊舍焦躁不安，他总在试图寻找什么。对许多讲德语的犹太人来说，有一个选择超越一切，即使美国也要靠后，那就是维也纳。始于1848年的著名的“犹太复国主义运动”，新世纪里仍然在进行。维也纳的犹太人被允许享有公民权利，甚至成为公民，这是自早期基督教时代开始以来，欧洲极为罕见的惊人的馈赠。在维也纳的犹太人社区，有西格蒙德·弗洛伊德、古斯塔夫·马勒、弗朗茨·卡夫卡[②]，还有我们这个故事里重要的著名人物——犹太复国主义运动的先驱西奥多·赫茨尔[③]。祖父将自己的名字改成德国化的“摩西”，于1917年来到了维也纳，当时约有18.5万犹太人生活在那里。

但是，动乱的迹象已经出现。1897年，一个名叫卡尔·卢格的民族主义者当选为维也纳市长。1910年，卢格第五次当选。他的日耳曼纯净哲学开始影响另一个从乡下来的移民——阿道夫·希特勒。作为纳粹党前身的德国工人党，政治影响力稳步上升，被选入议会的人数正逐步增长。后来，希特勒在德国蹲监狱的时候，是这么描述他在奥地利首都那几年政治哲学的形成：“……面对这个问题时，如果没有他（卢格）的解决方案，其他唤醒或复兴德意志的一切努力都将是毫无意义的，也是绝

① 这个故事我的父亲甚至也没有听过，我记得是祖母的妹妹讲给我听的，那时候我大概十七八岁。父亲不能确定有这么一回事。——作者注

② 西格蒙德·弗洛伊德（Sigmund Freud，1856—1939）：奥地利精神病医师、心理学家、精神分析学派创始人。古斯塔夫·马勒（Gustow Mahler，1860—1911）：奥地利作曲家、指挥家。弗朗茨·卡夫卡（Franz Kafka，1883—1924）：奥地利作家，主要作品有《审判》《城堡》《变形记》等。——译者注

③ 西奥多·赫茨尔（Theodor Herzl，1860—1904）：奥匈帝国的一名犹太记者，公认的犹太复国主义运动的创始人。——译者注

对不可能的……我的维也纳岁月，使我有闲暇和机会，对这个问题进行无偏见的审视，而日常接触让我无数次地证实了这一观点的正确性。”

参加过第一次世界大战、同样被芥子气折磨过的希特勒，丧心病狂地将同盟国失败的责任推卸给了一个古老的替罪羊——犹太人。他找到了很多憎恨犹太人的同道。祖父他们很快就意识到，维也纳将不再是避难所，而是一个启程地。

所有人都没有误判正在聚集的风暴。祖父旅居维也纳期间，认识了一位姑娘——肖莎娜·普佩尔。祖父知道自己在那里待不长，也就没过多地献殷勤。肖莎娜当时正在城市大学读书，她的父母是前一个世纪犹太人移民维也纳大潮的一分子，来自波兰的斯坦尼斯拉夫，迁徙的时间极可能是1868年那座城市被大火烧毁之后。家里大多数人都不知道摩西和肖莎娜在维也纳那段时间的情况，我们只知道他们认识，“却没有成为一对”，父亲说。可以肯定的是，当摩西乘火车去勒阿弗尔港时，没有想过还会遇见肖莎娜。他在奔赴一个全新的、陌生的世界，身上除了一张写着叔叔在布鲁克林住址的小纸片和一个小箱子外，别无长物，她是他扔在身后的那个世界的一部分。他不知道自己将做什么，但他清楚那里有很多工作机会。他相信美国会善待他。他甚至将名字重新修饰了一下：莫里斯·科佩尔。这个名字似乎跟新世界更搭调。

肖莎娜则留在维也纳，继续她的学业，但是她的八个姐妹一个接一个离开，最后，只留下她和最小的妹妹利奥尼陪着父母亲。肖莎娜想过当一名报纸编辑，但形势发展很快，这样的职业显然不可能保留下来。1920年，乔治·冯·斯科内尔领着一帮暴徒砸毁了《诺伊斯维纳日报》的编辑部，还打伤了几名员工。斯科内尔的暴行真正让人心寒的是，他的被捕和入狱反而吸引了更多的追随者。懂一点历史的犹太人不可能不理解其中传递出来的信号，是离开的时候了。

1922年9月7日，肖莎娜·普佩尔登上了“S.S.克鲁兰德”号，去了安特卫普。她23岁，独自一人，目的地是纽约布法罗姐姐家。她登陆之后，登记的职业是裁缝，还将名字改了。她告诉移民官，她的名字叫罗丝（Rose），听起来更可爱，更美国。埃利斯岛的档案记录为“罗萨（Rosa）·普佩尔”，打错了一个字母。我们家里没人能确定她是怎么来到纽约北部的，只知道她当时雄心勃勃。她的期待模糊难辨，有的只是一门心思想成功。这大概就是面对山雨欲来风满楼时最好的保险吧。

布法罗的工作机会不多，好在罗丝学了一点英语，没多久就讲得很流利了。来纽约的时候，她能讲四种语言，英语之外，还会讲波兰语、德语、意第绪语，这成为她的优势。她在下曼哈顿一家女性内衣厂谋得了一份工作，不必做缝纫，而是翻译外包装的文字，制作小册子，以及跟进增长中的、正在进入中产阶层的移民客户群的相关业务。那是个不错的职位。纽约是个充满梦想的地方，但她仍然感到孤独。一天傍晚，她坐公交车回家，一个声音在叫她的旧名“肖莎娜”。她转过身，透过厚厚的镜片看过去，认出他是维也纳的一个熟人哈里·谢希特尔。罗丝简直乐坏了，尤其让她兴奋的是，还有一位老朋友也在纽约。“摩西——我是说，莫里斯，在这里。”哈里说，“他有一家服装店，就在城里。你该去见见他！”

罗丝马上去拜访了他。多年前遇见的这位年轻人还没有忘记她。

接下来的几个月里，罗丝和莫里斯越走越近。他们是天生的一对。莫里斯是一个勤奋的人，还保留着一点儿乡村孩子的底色，罗丝将协助他在新世界里闯荡。

1924年，祖父母结婚的时候，他俩最想要的是什么？这个问题很重要。因为父亲平生抱负的根，就是从他父母亲的期望中生发出来的。然而，随着形势的发展，两者竟然南辕北辙，背道而驰。首先，他们想要安全。经济大萧条袭来，导致莫里斯纽约的生意失败，当听到海外恶性排犹运动高涨的新闻后，他们同样也希望世界平安。不难理解，他们为了安全，几近着魔，以致他们的每一个决定，都是基于对安全的渴望。祖父在大都会人寿谋了个职，卖保险。祖母成了哈达沙组织[1]的第一批终身会员。犹太人复国的信念，以及他们夫妇俩朝此信念的持续努力，满足了他们期待获得全面保护的渴望。

1926年，罗丝怀孕了。这对夫妇期待一个男孩，甚至还在无任何怀孕迹象之前，就定下了两件事：其一，给孩子取名西奥多，用的是奥地利犹太复国主义运动的创始人西奥多·赫茨尔的名字，他的大幅肖像就挂在他们皇后区阿斯托利亚的小小公寓的墙上；其二，他们的儿子将成为一名医生。

“我的儿子是医生”，作为犹太文化观念，嬗变到了近乎喜剧般的地步。这一观念可以追溯到中世纪。医学，就像金融一样，对犹太人来说是如鱼得水的职业。他们的书写传统，让

① 哈达沙：《圣经》中以斯帖女王的希伯来名字，美国犹太复国主义妇女组织采用其名，该组织成立于1921年。——译者注

他们能够将复杂的技术记录下来，传递下去。在一些地方，犹太医生甚至被赋予了额外的权利和豁免权。奥地利复兴时期是犹太医学传统发展的全盛期，维也纳近60%的医生为犹太人，最早的15位诺贝尔生理学或医学奖获得者，有四位是奥地利社团的成员。成为那一传统中的一员，是罗丝未竟的雄心。在维也纳的时候，她是弗洛伊德讲座的铁粉，一直想成就一番事业。如此看来，希望首个在美国降生的科佩尔家庭成员成为医生就不足为奇了。

1926年12月，莫里斯匆忙将罗丝送进医院。因为身材娇小，她在妊娠的最后几个月里吃尽了苦头。她很坚强，丈夫可能比她更加担惊受怕。她信任她的接生医生。

但是医学，无论它多么辉煌，也无论这对夫妇多么崇拜它，终究无能为力。这件事在我们家很少被谈及，即使被提及，也是当作秘密，感到羞愧。父亲是这么讲述的："他们说她产下了一头怪物，让她不要看。"婴孩被交给祖父，让他放在一间空房子里。我不知道莫里斯的感受和反应。我不知道，是否是他的坚忍，对此我小时候曾见识过，帮他渡过难关，或者，他持重严肃的性格就来自那一天。他照做了，然后回到妻子身边。

那个孩子可能存活了5分钟，10分钟，20分钟。他是个男孩。他们给他取名特迪。

怎样才能抚慰他们的悲伤啊？不，不可能的，当时正值经济大萧条；不，不可能的，黑云正慢慢降临德国、奥地利，也威胁着欧洲其他地区。医生嘱咐罗丝千万不要再怀孕。她的伤痛是我们家族里谈话的禁忌[①]。她不想念特迪是不可能的，但

① 我大学毕业前夕，祖母去世前，我去医院看望她，她紧紧地握住我的手，当时我还不知道特迪的事。——作者注

特迪的死拉开了一个更为恐怖时期的序幕，特迪带来的悲伤因后来发生的事情而渐渐退散。

1930年，希特勒的纳粹党在国会选举中赢得了18%的选票。两年后，那个数翻了一番。在美国的犹太人一片恐慌，他们知道将发生什么。跟时间的赛跑开始了：撤离亲友，拯救爱人。罗丝和莫里斯将他们的注意力转向了社团，他们支持在巴勒斯坦建立犹太国家；他们通过哈达沙组织帮助避难者筹措经费，寻找去往那个国家最早定居点的办法，特别是帮助建立医院，罗丝认为这对一个新兴国家至关重要。

小家的概念淡去了。1934年，富兰克林·罗斯福当政，他的新政为经济复苏带来了希望。然而，对犹太人来说，罗斯福的上台却被几个月后希特勒当选德国元首笼罩上了一层阴影。世界仍然一片混乱，但11月可能是那一年纽约生活中相对正常的月份。虽然已经深秋，可一股宜人的暖气流带回了夏季的感觉；爵士乐大师胖子沃勒的《忍冬玫瑰》在电台爆红；一册薄薄的《美国野外鸟类手册》成为纽约市的超级畅销书之一，作者罗杰·托里·彼得森[①]是一位画家和博物学家，纽约鸟类俱乐部的成员。

父亲对祖父母当时的情况不是太清楚。那是1934年初，祖母罗丝干了一件冒险的事，她回到纳粹控制的奥地利接妹妹和父母。也许因为这使命太危险，或者别的原因，她回到纽约

---

① 罗杰·托里·彼得森（Roger Tory Peterson，1908—1996）：美国著名鸟类学家、艺术家。1934年出版《美国野外鸟类手册》，为观鸟活动带来了颠覆性的变革，该书最终将观鸟这个小众的消遣逐渐变成了群众性的休闲活动，并彻底改变了美国人对户外活动的观念和态度。他的这套理论被称为“彼得森体系”，并在植物花卉、昆虫蝴蝶等博物门类遍地开花。人们在户外活动时，不说带上图鉴，而是会说带上“彼得森”。——译者注

后，罗丝和莫里斯从失去特迪的伤痛中走了出来。就在新年前夜，罗丝发现自己再次怀孕了。

这一次，他们没有事先取名，他们不敢抱有希望。况且，还有工作要做。罗丝仍然在哈达沙组织工作，撰写各类简报通讯。祖父已经开始在长岛区大都市人寿的写字楼上班，那是皇后区的地标建筑，是市中心那座摩天大楼的翻版，只是规模小些。1935 年春，罗丝遵医嘱尽量少动，卧床保胎。奥地利来的妹妹利奥尼是天赐的福分，在罗丝待产期间，她操持家务，忙前忙后。

1935 年 8 月 13 日，罗丝产下一个健康的男婴。与此同时，在德国，希特勒及其支持者正在起草《纽伦堡法典》，旨在“保护日耳曼民族血统的纯洁性”。新的规定剥夺了犹太人的公民权、就业权。奥地利复兴彻底终止。从那一天开始，再也没有他们取名为理查德的这个新生儿的直系亲属从欧洲来到北美。这个男孩是新一代的长子，他的责任，是通过自己的成就，为那些没能随他而至的家族后人带来荣耀。

在祖父房间的一张小书桌上，摆放着父亲两岁时的照片，还有奥地利犹太复国主义运动的创始人赫茨尔的照片和一枚奖牌。奖牌有汤碗大小，是祖父在大都会人寿工作 50 年的纪念。照片里的父亲，卷曲的淡黄色头发披散下来，正如我们家里人爱开的玩笑，“就像秀兰·邓波儿”。1940 年，祖父母罗丝、莫里斯和祖母的妹妹利奥尼，还有那金发蓝眼的两岁的小家伙，搬到了邱园山主街的南边，周围是一排排的联排红砖房，有四个街区。

父亲已经不记得了，在童年的哪个时段发现这个世界沉浸在悲伤中。他只有记忆的碎片，有人在他的房间里讲着奇怪的语言，那些人是祖父收留的难民。飞机在头顶飞过，家里总是有陌生人，他们有时候是来参加防空演习的。在世界博览会上，罗丝和莫里斯一定要让父亲看科学展览，他也知道这是在为他的医学生涯做准备。当时四岁的他，无法理解这些。父亲说，到了小学，“我才知道我的父母亲想让我干什么”。

一开始，走进树林并不是一种叛逆行为，只是贪玩，跟想象中的纳粹作战，或是追猎一种叫“沼泽虎”的神秘动物。树林就是树林，里面的动物也只是动物，直到褐弯嘴嘲鸫的出现。

“这鸟有趣极了。”父亲回忆说。有趣到他会天天去看它，有趣到想知道它的名称。

父亲从垂枝山毛榉屋骑车回家。褐弯嘴嘲鸫，完美的描述，激动人心。其他鸟的名称是什么呢？骑着车串街走巷回家的路上，直到在车库停好车，他一直在想这个问题。屋前露台上有人，他们在抽烟聊天。如今，曾祖父曾经放马、看嘲鸫的农场和森林悄然不见，已经尘封在历史里，再也回不来，几乎被遗忘了。

理查德走上窄窄的台阶，在父亲为他做的大橡木桌前坐下，打开笔记本，翻开空白页，从顶端开始，用钢笔写下：

鸟

回忆见过的鸟，他想，可否记下那些还没有正式观察但已经能够识别的鸟呢，比如常见的麻雀和旅鸫。他觉得这是个非同小可的决定，他最好再翻看一下鸟类俱乐部借给他的书，看看还能记得多少种。就他当时所见，他写下了 24 种鸟的名称。

前23种过去他都见过，然后就是褐弯嘴嘲鸫，那只点亮他兴趣的鸟。这是一个一丝不苟的开端，需要一生一丝不苟地呵护。褐弯嘴嘲鸫，第24种。

还有好几千种鸟儿在等着呢。

第2章 为什么是鸟

1949年，我在长岛的马萨皮夸看到红额金翅雀。它们于1878年被引入美国，1910年留居下来。据说在新泽西州发现过最早的庞大群体，但阿伦·克鲁克香克①在《纽约及其周边的鸟》那本手册里说，他在纽约看到的数量极其庞大。大概在20世纪60年代或70年代，红额金翅雀从这片区域消失了，从那之后只有偶尔的记录，可能是逃逸鸟。

——红额金翅雀（*Carduelis carduelis*）

1949年5月14日，纽约马萨皮夸，#208

① 阿伦·克鲁克香克（Allan Cruickshank，1907—1974）：国际知名的美国鸟类学家、作家、鸟类摄影师，享有“手持相机的现代奥杜邦”的美誉。——译者注

天冷飕飕的，小船在小颈湾上颠簸。那是皇后区东北角往南延伸的一个小海湾。父亲理查德穿过榉树和橡树林朝水边走去。林地外是一大片长满芦苇和香蒲的沼泽，再往外是一个小小的海滩，有鲎在沙滩上爬。

那是 1948 年 11 月，父亲刚刚过了 13 岁生日。那个时候，水边这片地方叫湾畔森林，鸟很多，各种鸭、鸥以及鸻鹬在轻轻荡漾的波浪上飘荡。皇后区鸟类俱乐部的成员将水面上的鸟一一指认给随行的少年英才们看。理查德举着双筒望远镜，竭尽全力快速辨认，希望能跟得上。

理查德进步神速。他对天空总是充满好奇，二战的飞机，星星，甚至蝴蝶（他说，之所以放弃蝴蝶，是因为捕捉到之后要用大头针钉上，他心里不好受）。战后那些年，长岛不再是禁区，一个少年骑着车，不用费多大劲儿，就能到达一些颇荒凉的地方。理查德和他的朋友迈克·菲茨杰拉德很快得到了祖父莫里斯的支持，他开车送他们去琼斯海滩或洛克威海滩，孩子们在海岸边晃荡着找鸟的时候，他就在黑色切诺基的后座上，极有耐心地待上数小时。对于父亲观鸟，祖父的心理比较复杂——一方面，他不希望儿子脱离他的掌控，当作业余爱好便好；另一方面，他又特别享受乡村远足，这正是他所渴望的。

祖父母要忙别的事情，理查德因此能无拘无束地接近鸟，阅读跟鸟有关的书，记录看到的鸟。1947 年和 1948 年，新建立的联合国总部，并不是现在矗立在纽约市东边的那座摩天大楼，当时还只是法拉盛草地公园边上的一幢小房子，不像现在那座地标建筑那般耀眼夺目。它离老的世界博览会会址不远，父亲看到褐弯嘴嘲鸫就在那附近。这个新生的机构有许许多多的构想，其中最让祖父母关注的是“犹太人问题”。这个饱受纳粹蹂躏的民族，是不是应该有自己的国家？如果答案是肯定的，那它应该建在什么地方？虽然考虑过其他地方，如南美的萨斯喀彻温，但是罗丝和莫里斯以及大多数犹太人都认为，这个民族源自中东，应该从今天的约旦和巴勒斯坦地区划割出一块土地来，作为他们神圣的家园。父亲说虽然祖父母为这项事业殚精竭虑，而观鸟不过是孩子们的娱乐，但是祖父仍然愿意在周末坐在汽车后座上等候良久。回忆起那段时光，父亲觉得既痛快淋漓又稍纵即逝。“他是个好父亲。”父亲一再说，声音有些发抖。但随即另一种情感又涌了上来：“他们的犹太复国主义运动对我意味着什么呢？”父亲慢慢地重复着，然后自己答道，“它意味着我母亲得在餐桌上接听哈达沙组织的电话，那是一个犹太复国主义的妇女组织。饭菜都凉了，我们总是无法一起吃饭。”

我问父亲他怎么看待祖母献身犹太复国事业，他的回答很巧妙，让你不禁想追问，却又终结了话题。他说：“以色列对我妈妈来说，可比我重要多了。”

夏天，祖父母总是会去卡茨基尔山区的一家小酒店。以传统眼光来看，这个地方是带点滑稽、带点浪漫的“罗宋汤”游乐区[①]的一部分，常常有犹太滑稽演员和音乐人的表演，混合了欧洲犹太小镇的传统和自由女神像所代表的美国风格。祖父

① “罗宋汤”游乐区：美国卡茨基尔山区避暑胜地，包括旅馆群、剧场和夜总会群，游客以东欧籍犹太人为主。——译者注

母没有时间享受这些娱乐，而是选择了适合严肃认真人群的莫氏夏日之光酒店。我有一张酒店的旧明信片。正面是一幢挺漂亮的建筑，仿佛一栋乡间大宅塞进了森林里。背面写着各种各样的消遣娱乐项目，“理想的休假地，各种现代设施齐全，包括健身房、网球场、浴室、钓鱼池以及舞厅”，末行一句“特设素食餐饮”，便是它不同于更出名的邻居而独具的特色。

当然，父亲对莫氏的主要印象就是鸟。那里足够偏远，周边环境跟皇后区的海边不一样，因此多了几个新鸟种。再者，那里天高云淡，可以从沉闷的室内逃离，到户外呼吸清新空气。1947 年的夏天，父亲在莫氏收获了五种新鸟。这几种鸟在他的总清单里，则写成杰维斯港（距卡茨基尔山区最近的一个居民社区）的记录。最近我经过那里，树木仍然繁茂，鸟儿仍然很多，但没人能告诉我莫氏酒店的故址，甚至连记得它的人也没有。

我小时候住的皇后区远算不上荒凉，乡村景观几乎消失，一条快速路将法拉盛草地切成两半，其中一半并入了公园。我在那里度过了少年时光，我常去看棒球赛的谢亚体育馆就建在父亲 1964 年最喜欢的观鸟点上。

所幸湾畔森林还留下了几片，也就那么几片。我之所以熟悉，因为我就在它对面长大。当时我还不知道，沿小颈湾长了几棵稀疏的树木的这个地方，曾经是父亲的仙境，是比法拉盛草地更神奇的所在。那是海湾边和十字岛大道之间一条窄窄的绿地，城里最后一条快速路不久将完工了，从卧室的窗口就可以看到。

谈到湾畔树林，父亲回忆说：“棒极了。”

整个20世纪40年代后期，父亲总是踩着单车或搭乘Q12公交沿北大街一路往下，探访湾畔森林。这个地方在父亲的脑子里生了根。特别是春秋候鸟迁徙季，海湾里全都是鸟。绿头鸭、鹭、绿翅鸭，有时候安静地在水面上游荡，有时候则疲惫不堪，“跌落下来”（鸟人的描述用语）后努力恢复体力。那是海上风暴迫使集大群北迁或南迁的鸟往陆地降落造成的。现实是严酷的，随着父亲逐渐长大，湾畔树林的面积逐渐缩小，可父亲潜意识里已经将之理想化了。所以毫不奇怪，等到成年，建立了家庭之后，父亲第一个重大决定就是把家迁到那里。我们生活在他的梦境里，只是他的梦被迫转向另一个方向。

布朗克斯有一片地方正好跨过小颈湾，今天仍然可以从那里重温纽约城市化之前的风光。沿西部快速路走，然后向北，可以抵达布朗克斯河大道。为什么取这么一个名字，坐在车里你可能意识不到，这条道路正是沿着河岸蜿蜒前行。

布朗克斯河发源于韦斯特切斯特县的戴维森小溪，一路蜿蜒而下，穿越铁锈色的工业建筑群和废料场汇入东河，消失在长岛湾。在其中一处，这条河一改面目，那变化之惊人，堪称奇迹。这就是纽约最后一片前殖民时期的森林。这片森林位于布朗克斯植物园的深处，在一片凉棚和温室之中，有各种被精心修剪过的植物。

在这里观鸟，你得穿行于橡树和铁杉树之间。在这里，你能见到几种20世纪40年代常见的莺类。在美国东部地区，人们发现了超过40种莺类，它们相当难辨识。辨别莺类，是区

分资深鸟人和入门爱好者的标志之一。父亲跟一个资深鸟人来过这里几次。他们模仿山齿鹑（Bobwhite）的叫声，作为互相联络的信号。就像美洲鹃(Cuckoo)或巴西的尖声伞鸟(Screaming Pipa）一样，它的名称也来自其鸣声。当父亲第一次去植物园的时候，这里还叫布朗克斯公园，他看见了松莺(黄色的胸，有白色翅斑)、北森莺（黄色的胸，带白色翅斑，头灰蓝色）、加拿大威森莺（黄色的胸，灰蓝色的头和背，颈部有黑斑点）。有一种鸟，红腹啄木鸟，父亲在那里从来没有见过，但今天你在那里十之八九能看得到，它是美国东北部的新移民，聒噪得很。几十年来，植物的多样化从南方往北方不断扩张，作为枯萎病的受害者，铁杉树正在逐渐消失，取而代之的是红腹啄木鸟特别喜欢的一些植物。父亲第一次将红腹啄木鸟收入观鸟清单已经是1962年了，当时我尚在襁褓中，他和母亲正穿过南卡罗莱纳州去往佛罗里达州。今天，长岛的物种变得更加丰富多样了。

生态系统如潮汐不停涨落变化，这与自然环境（包括天然的和人造的）的变化紧密相关；编制观鸟清单的乐趣，部分便是来自这种变化，无论对象是鸟、蝴蝶、兰花还是蜘蛛，任何新发现或刚灭绝的物种都必须写下名、记下数。此外，还有一种较隐晦的乐趣，那便是这如潮汐般的变化——物种的盛衰与迁徙——酷似我们人类最为珍视的东西，即构成我们生活（乃至命运）的主旋律。

20世纪中期，纽约的沼泽、森林和湿地，不仅催生了父亲的观鸟习惯，还使这一活动本身“发育成长”，使之从受过良好教育的精英人士的活动发展为一种展示勇气和毅力的都市现象：一项运动。观鸟活动的蝶变始于20世纪20年代，与四个住在布朗克斯的小孩有关。他们家境清贫，父母多为移民，通常是在曼哈顿的工厂和餐馆里做小生意或打散工，工作时间长。无人看管的他们成了野孩子，在临近的街区、海岸，特别是亨茨波恩特的垃圾站游荡。他们爬上垃圾山，捡任何有用的东西。每次去寻宝的时候，还会发现一样东西，那就是鸟。很快，他们开始比赛，比谁辨认得快。在此过程中，这个团体慢慢变得极其排他。想要加入他们的布朗克斯观鸟俱乐部，你得是顶级鸟人，而且是本区的人。

布朗克斯这帮能说会道的少年，不仅仅在美国自然博物馆露面，还要向聚集在那里的来参加林奈协会（在当时也是现在纽约最重要的鸟类研究组织）聚会的与会者（通常来说是富有的鸟类学家和纽约城区里穿着考究的鸟人）报告看到了这种或者那种稀罕种类，而不能只是说看过6000或7000种鸟。这项运动建立在一套荣誉系统之上，与之相应，有一套可形象地称之为“即时拷问”的答辩法。你会被问及看到了什么鸟、在哪里看到及其关键特征：飞行姿势是怎样的？如何鸣唱？体型有多大？有些问题是专门用来为难新手的，有些则属于知识测试。今天，大多数观鸟比赛都是团队竞争，裁判会分别询问每个队员。在超级清单的比拼上，答辩相对宽松：因为既然你要去那么多偏远的地方看成千上万只鸟，通常情况下你需要雇佣一名当地的鸟导或者加入观鸟团。你的竞争对手也会在一起，他们的存在，可确保你做正确的事。犯错、夸大事实、伪造（声称

看见了根本不会在你的到访区域出现的鸟）的人，都会被列进黑名单，永远地被排除在这项活动之外。

布朗克斯俱乐部的孩子们，当时有九名，有一个特别严厉的裁判员——勒德洛·格里斯科姆[①]。多年前，观鸟界有过一场摒弃以枪支和动物尸体为主要鉴定工具的运动，格里斯科姆是发起人之一。到了20世纪20年代，格里斯科姆成了纽约观鸟精英们的精神导师。他是美国自然博物馆的助理管理员，1923年出版的《纽约地区鸟类》的作者。这本书中特别列明了观看纽约鸟类的最佳地点。格里斯科姆由此成为鸟类学界的"稀罕物种"、受人尊敬的科学家和狂热的计数者。格里斯科姆不断地刷新大都市区域年度观鸟的最高纪录，还会将观鸟延伸拓展，建立更详细的档案。与许多鸟人一样，他喜欢记录观鸟时的气候状况。他无法停止观鸟。1941年，当他的年度观鸟统计清单第一次达到300种时，他宣称自己到顶了："我相信这个纪录将作为一种生活方式的最佳成绩和鸟类研究的一种技巧而被载入史册。"格里斯科姆发誓："我不会再超越我的1941年了。"

的确如此，至少1946年之前都是如此。1946年，他的记录为307种。他试着不去复制自己，而是超越自己，这样一直持续到20世纪50年代。我的父亲也是这样，当他的观鸟数达到一个数量级的时候，他也说要停下来，超过5000种的时候如此，超过6000种的时候也是如此，超过7000种的时候还是如此。

---

① 勒德洛·格里斯科姆（Ludlow Griscom，1890—1959）：美国鸟类学家，被誉为"野外鸟类学的先驱"。他强调通过野外的观察标识来识别鸟类，他的方法被专业人士和业余爱好者广泛采用。——译者注

当布朗克斯的少年们将观鸟变成一项喧闹、城市化的活动后，那些孤独少年被飞羽世界弄得心醉神迷，天才鸟人就不再是什么新鲜事了。然而，他们看上去都是那么循规蹈矩、清纯可爱，你也不知就里，其实美国早期最重要的观鸟者都属于这一类，就是他们使我父亲掉进“坑”[1]里去了。富尔热·雷宾1785年在海地出生，母亲是一名来自克利奥尔的奴隶，父亲是法国奴隶贩子。雷宾六个月时，母亲去世了，他由亲戚抚养，似乎未来堪忧。过了四年，富尔热的父亲才知道有这么个儿子，于是把他接到法国并让他受洗。身份的“合法”并不能改变富尔热的橄榄肤色，只是给了他一个新的名字：让·雅克·富尔热·奥杜邦。

即使如此，这也仅预示着他将在欧洲大陆过上稍微好一点的生活。可是，在那个混血被视为低人一等的时代，这名法国少年是怎样成为“美国野生动物研究之父”的呢？再一次，时机的重要性表现了出来。让·雅克刚刚行完宗教入会礼几个月，革命就横扫法国。战火越烧越旺，越来越多的法国年轻人应征入伍。奥杜邦从11岁开始，就接受海军训练，这在当时相当于被判了死刑。于是他父亲以经营宾夕法尼亚州的家产为由，将他送到了美国。

远离了战争和征兵，少年奥杜邦在宾夕法尼亚州遇上的，是他做梦也想不到的，也是我们今天很多人无法想象的：美国东北部前农业时期广袤的森林。森林密布的宾夕法尼亚州到处都是铁杉、松、云杉，森林里野生动物繁多，有火鸡、白头海雕、美洲狮、狼等。作为农场主，奥杜邦的工作就是垦荒，征

① 观鸟界的行话。“掉坑”“入坑”指“参与进去了”“迷上了”。——译者注

服幽暗的丛林。

奥杜邦并没有那样做。当时他才20多岁，有了妻子和孩子。他没去干正事，而是捡起了1803年旅居法国期间养成的爱好，并将之发扬光大。之前在法国，他用铅笔画鸟类。到了宾夕法尼亚州的这片荒野，他开始用油彩画鸟，并采用了不同寻常的方法，即将绘画的对象打下来，摆放成活着的样子，再用铁丝骨架固定好。

奥杜邦的早期作品颇能打动人。亚历山大·威尔森所著的九卷本《美洲鸟类学》于1808年开始陆续出版，书中对这位年轻的画家给予了高度评价。这夸赞让奥杜邦很受用，可他私下里却嘲笑威尔森的画作呆板、不自然。那个时候，奥杜邦还是觉得，经营好家族农场至少是生活的一部分，是自己的责任。可是，这并不容易，为此他在这个年轻的国家里频繁搬家，绘画只是爱好，挣不来钱养家。1819年，奥杜邦跌到了谷底。美国经济大萧条，女儿罗丝离世，他债务缠身，宣布破产，还因此在监狱里待了一段时间。获释后，他们一家西迁，在当时还是边城小镇的辛辛那提安家。

一无所有似乎成为奥杜邦追求志向的原动力。他已经没有别的事可做了。他靠制作动物标本和绘画谋生，这倒让奥杜邦对自己的画越来越自信了。在与那些痴迷飞羽却备受煎熬的人接触的过程中，他立下了一个宏大的目标：画出美洲的每一种鸟。接下来的五年中，奥杜邦四处游走绘画。他积攒下来的水彩画是具有革命性的，形象栩栩如生，细节准确无误。他打算出版，书名定为《美洲鸟类》[1]。为了维持生计，他决定在出书前进行预售募捐，即提前订购。

奥杜邦没有找到出版商。他继续画画、寄送样稿、收取预售款、等待，仍然一无所获。作品的确不错，但日子却几乎过不下去了。1826 年，奥杜邦终于找到了一个苏格兰书商。又过了 13 年，《美洲鸟类》才出版。这期间，奥杜邦仍然当他的标本剥制师，预售他的作品。1839 年，《美洲鸟类》第一版出版，包括 435 张彩页，图片极具冲击力。那个时候，其他画师和博物学家也关注鸟类，他们的作品甚至也表现出了鸟儿的可爱。然而，是奥杜邦第一次在大众面前展示出了惟妙惟肖的鸟类图像，图片根据实物直接写生，细节如此丰富，令人震惊。奥杜邦用华丽的色彩和精细准确的描绘为野生动物的绘画确立了标准，其影响一直持续到 20 世纪 30 年代。这个时期，有一位年轻的鸟类画家——罗杰·托里·彼得森以野外快速识别鸟类特征为目的，发现了一种表现鸟类的简单化原则。之后，虽然有众多的野外手册、照片以及无数鸟类画家接踵而来，但奥杜邦作为开拓者，其地位是不可取代的。

正如星星和雪花一样，总会有另一只鸟等着你去记录。数鸟就像追逐最大数，如果你能达到 100 万的 100 次方（也就是 1 之后挂 600 个 0），你肯定能达到 100 万的 100 次方又 1。

① “美洲鸟类”这个书名十分常见，不下 50 位作者都用它作为书名，但是奥杜邦的书仍然是最受欢迎的，至今仍有各种版本在售，从昂贵的对开本的巨制到实用便宜的再版书，无所不包。——作者注

父亲开始观鸟时，地球上已知的鸟类大概有 8000 种，如今已经接近 10,000 种，数字还在攀升中。

没人能数尽一切。但你也不妨试试，即使已经知道某物已知的那个数字并非固定不变。如此，你会发现一份延伸至未来的清单，永无止境。不过，观鸟清单的竞争却有获胜者。勒德洛·格里斯科姆成为师傅之后，布朗克斯鸟类俱乐部的孩子们着手——通常是竭尽所能——在诸如圣诞比赛和所谓的“观鸟日 24 小时计数马拉松”这种鸟类统计赛事中击败他们的成年对手。他们知道最佳鸟点，耐力极强，而且是团队紧密合作。

布朗克斯鸟人都是个中好手，而且团队里还有一位明星，他是第一个也是唯一一个该团队接纳的非该区出身的会员。这个瘦瘦的 19 岁男孩来自纽约北部，在曼哈顿读书。他文静，有些羞涩，热爱观鸟活动。

孩子们对这个新来者做了一次毫不留情的拷问，就像他们当初带着自己的目击记录去林奈协会被格里斯科姆诘问一样。你在哪里看见的？它怎样飞？它有多大？你确定吗？他们一起来到野外，这位客人以闪电般的速度辨认了很多种鸟。一位俱乐部的会员一锤定音：“罗杰·彼得森，比我们谁都厉害。”

父亲加入布朗克斯俱乐部的时候，许多初创时期的成员都已经在科学领域取得了卓著成就。父亲够资格吗？1949 年 5 月，布朗克斯俱乐部给父亲打电话，邀请他作为他们的队员参加在纽约周边地区举行的“观鸟日”比赛。他的皇后区出身无关紧要。那天，他们这一队从黎明至黄昏观鸟数超过 100 种。

罗杰·托里·彼得森是一位鸟类画家，画风跟奥杜邦迥异。

父亲手里的1942年版的《美国鸟类野外手册》，里面就有他的油画作品。你很可能注意不到，彼得森跟奥杜邦一样，也是专注于在画布上表现鸟类。在彼得森的鸟类图像里，奥杜邦的那种华丽的场景设置和古典透视感荡然无存，取而代之的是简洁质朴，却同样是史无前例的。

尝试去辨认一只鸟，问一个看似简单的问题：那是什么鸟？

去法拉盛草地公园，这个问题就可以迎刃而解。为了把这个道理讲透彻，我们不妨把时间拨到阵亡将士纪念日[①]前后。父亲看到他的第一只鸟的那片草地已经消失了。我们不妨绕过公园的公共建筑群，来个小惊喜，看看幸存的两处湖，这是按照原样保留下来的战前湿地。在这之前我们还要看看彼得森最巧妙的创新——他在书里排列鸟类的方式。彼得森之前的自然读本，都是根据科学分类，将鸟类按"系统"排列，使用起来很不方便，在野外，鸟并不是按照人类强加的分类系统出现的。彼得森的理念是：将鸟类按照他所谓的"视觉类别"来排列，即外观相似的鸟集中放在一起，观看者可以迅速分辨它们之间的差异。

在距离湖边几米远的地方，有一小群棕色的鸟，在树上忙碌着。这是第一条线索。它们不属于水鸟，亦非鸡类。按照彼得森的分类，它们属于什么？显然，不属于猛禽。关键是，这些鸟在干什么呢？栖在枝上。栖枝鸟类（正规说法是雀形类或雀形目）是彼得森的分类类型之一。我们将书翻到雀形目部分，一眼便看到一线排开的种类，比如嘲鸫类（包括褐弯嘴嘲鸫）、鹪鹩类、雀类和莺类。

① 5月的最后一个星期一。——译者注

那么，我们看到的鸟是什么？彼得森提供了几种方法来辨别。个体大小很重要，喙的形状和颜色同样关键，而我们主要是凭借彼得森的彩色插图来辨别。通过毫无修饰、高度概括的艺术作品，彼得森将鸟的关键辨识特征一一展示出来。这些“田野特征”在图片里做了适当的夸张处理，并且用一个细小的指示箭头标出。通过双筒望远镜确认这些简易特征，“菜鸟”[①]也能够快速地将猜测范围缩小到最有可能的几个种类。

彼得森的示意图非常简单，其目的不在于写实，而是达到某种神似，它将某个种类的主要特征标准化，由此创作出一只在自然生境中不可能存在的“完美的鸟”，其功能就是提供一个能够准确辨识的视觉模板。彼得森将鸟类辨识从实验室和博物馆专家的手里夺了过来，交给城市里那些对自然有兴趣而知识相对有限的大众。他的原则是，根据匆匆的一瞥（通常情况下，野外的机会就是那么转瞬即逝）来辨识鸟类。这过程节奏很快，就像都市生活。正是这速度，让人觉得这项活动更具有竞争性，更刺激。

回到法拉盛草地。雀形目插图里，这些鸟的大眼睛和细嘴特别突出，更明显的是胸部的斑点和背部的褐色。我们迅速将范围缩小到所有的五种鸫，除了旅鸫，其他几种几乎一模一样。选谁呢？有几种方式来找到正确答案。首先，“彼得森手册”提供了地域范围，告诉你什么鸟出现在什么地方，在一年中的什么时间出现（在早期版本里，这些信息以表格的形式呈现，彩色编码地图是后来的版本）。至于这五种鸟，根据“彼得森

① amateur（新手，外行），指刚开始观鸟或观察水平较低的观鸟者，在自然爱好者中俗称“菜鸟”。——译者注

手册”，只有隐夜鸫和棕林鸫5月在美国东北部常见，也有可能是斯氏夜鸫，但罕见。到底是哪一种呢？其次，听声音。如果能听到鸟鸣，那么你可以通过彼得森的声音标记进行辨别。彼得森说隐夜鸫叫起来是叱责调调的“tuk-tuk-tuk”，而棕林鸫叫起来如同快速的“pip-pip-pip”，范围进一步缩小了。第三，田野特征是最好的辨识方法。箭头指向了棕林鸫胸部的粗大的斑点，隐夜鸫的斑点少一些，也没有那么红，斯氏夜鸫有眼圈，其他候选者都无此特征。

真正的比拼在最后的结果。彼得森带领观鸟者们接近了答案，将我们领到了确定名称的关键点，就像他完美地挥杆，将高尔夫球送到洞口附近，而将最享受、最精细的击球入洞，留给了他的读者。

罗杰·托里·彼得森的著作带来了鸟人数量的爆发性增长。彼得森在《美洲的鸟》一书里回忆1948年时写道：“25年前，鸟类俱乐部大概有100名会员，现在超过1000名……有一次授课，大厅里挤满了人。”在佛罗里达州代托纳海滩市，有1800人听彼得森讲课，其中1500人是从堪萨斯城赶来的。据彼得森的赞助者美国奥杜邦协会估计，每年彼得森巡回课的听众超过100万人次。

彼得森似乎推动了纯粹的观鸟计数癖好，他的态度在轻率的肯定与稍感不安之间摇摆，这甚至表现在他仔细地统计倾听演讲的人数上。他还有一个计划——统计美国鸟类个体总数。他统计的最终结果，是一个精确的数字——7,612,866,560只，他称之为“简单的算术”。

计数对彼得森来说，还算不上观鸟爱好的顶点。他有一个循序渐进的设想：观看者——计数者——科学家。在他看来，只有当记录的能力发挥到极致，才能达到最后的阶段，才能让真正的好奇心浮现出来。这是一个理想的发展过程。对许多观鸟者来说，最后两个身份或者是反过来的，或者是处于平行时空。不用怀疑，今天许多的观鸟超级清单记录者都拥有丰富的科学知识，但也有同样多的“超清”啥也不懂，只关心数字，依赖陪同他们的鸟类学家来认鸟。我父亲属于双料角色，一个真正的观鸟者和狂热的计数人，他的技巧随着时间的推移在两条线上齐头并进。

关于观鸟活动的大众化趋势，彼得森有他自己的看法。观鸟活动是在核战争的阴霾下出现的，他认为：“生活变得越来越复杂，然而人类生活越是人为地复杂化，人类似乎就越是渴望最基本、原生的东西。”“鸟类发出的鸣叫声，似乎是消解现代社会压力和虚伪的良药。”

在1948年，彼得森的看法不无道理，它与曾经激励过梭罗[①]、约翰·缪尔[②]和沃尔特·惠特曼的传统的“自然疗法”的观念一脉相承。今天回过头来看，我并不认为观鸟活动的兴起是因为它治愈了某种源自现代世界的病痛。对我来说，观鸟计数活动是天赋使命的一个极佳的生态友好型的例子。它解决不了现代生活的问题，却为它提供了一种控制的方法。没错，观鸟曾经是（今天

① 梭罗（Henry David Thoreau，1817—1862）：美国作家、自然主义者，他提倡回归本心，亲近自然。他隐居瓦尔登湖畔创作的长篇散文《瓦尔登湖》为自然文学的经典作品。——译者注

② 约翰·缪尔（John Muir，1838—1914）：美国最早的环保主义者之一，致力于原始荒原的保护，促成建立了约塞米蒂国家公园等，创建美国最重要的环保组织——塞拉俱乐部，作品有《我们的国家公园》等。——译者注

也仍然是）一副解毒剂，但它的作用和效能不是用田园风光来消解变化无常，而是给这个混乱的世界注入一种元素，那就是力量和控制。数鸟对普通人来说，是一种掌控自然的自信的方式。不断升级的冷战能将世界瞬间毁灭，那种危险如今似乎已经过去，但观鸟者却要与另一种时钟赛跑：野生动物栖息地在不断缩小。处在这种危机和不安中，我们看到每一种鸟，都将会是一种极致的安慰和享受，也是大自然的真诚召唤。

严谨的观鸟者，不会随身带一本野外手册，至少在他们熟悉的鸟儿所在区域不会。鸟迷们通常都有极好的记忆力，通过外表、声音和行为，便能分辨上百种本地鸟。通常他们开始观鸟时，就已经将彼得森标记的野外特征背得滚瓜烂熟。父亲十岁出头，就已经知道纽约的大多数鸟了。他的任务就是找出来，划掉它。他最重要的书是一本破旧不堪的小册子，如今仍立在他“鸟屋”的铁书架上。这间房的一角，堆满了60年来他积攒的参考书、笔记本、地图，以及一只美洲雕鸮标本和一帧西奥多·罗斯福的铜质匾框。那本破旧的书是父亲的观鸟“圣经”，作者是布朗克斯俱乐部的另一位成员阿伦·克鲁克香克。

阿伦·克鲁克香克的《纽约及其周边的鸟类》于1941年出版，是20世纪20年代勒德洛·格里斯科姆手册的升级版。它没有提供任何鸟类鉴定方法，却是找到鸟类不可或缺的帮手，对数鸟十分有用。该书首先指明了季节性迁徙的鸟类以及不同的鸟在一年中的什么时间出现，然后列出了此地所有的鸟，观鸟者通常可以找到它们的确切位置。父亲说：“那本书我烂熟于心，月复一月，我不停地翻看。”

父亲的那一册"克鲁克香克"既没有一点骄傲的暗示，也没有追猎的诱惑；我从中看到的，只有一个孩子沉迷于自己的爱好、走向成年的足迹。这本书的价值以及它所蕴含的意义，在我向父亲借阅它时就表现了出来。

"不行，"他说，"我不会同意你借走它的。"

"那我可以复制一份吗？"

父亲同意了，但是为了确保他的宝贝的安全，他坚持跟我一起开车去了离他家 40 千米的复印店。父亲的书里，画满了记号和日期。褐弯嘴嘲鸫（记号是后来补的）——法拉盛，1947 年夏（书购于 1947 年下半年）；1948 年的红胸秋沙鸭，克鲁克香克描述为"海洋鸟类，长岛湾，大海湾"，果真如此，父亲的确是在皇后区最远的那头的大西洋看到的——如果你曾在肯尼迪机场着陆，正好就从其上面飞过——"1948 年 12 月，洛克威角"。

单纯的记号不能将此一刻和另一刻区分开来。怎么在那些角线里读出意义呢？我明白，那明显缺少激情的记号，却是走向"魔怔"的线索。每数完一只鸟，每增加一个记号，这只鸟就可以抛在脑后了。搞定！下一个"目标"鸟（用体育用语来说）在等着你呢。

鸟人计数鸟的方式也五花八门。有些人喜欢分享记录，将之发到网上，或者上报观鸟组织，有些人则什么也不做。对父亲来说，观鸟始终是一种逃避，是为了摆脱孤独。他从来不认为有必要跟人比观鸟数目的多寡，当然这并不意味着他不了解自己的对手。迷恋观鸟，对他和很多人来说，是为了构筑自己的秘密花园。

话虽如此，若清单就是计数的话，你不可能真正独自完成，无论你多么努力地想象只有你、你的双筒望远镜还有鸟。因为清单统计的不是鸟的数量，而是鸟名。我们不能确认鹰和鸽是谁创造的，但可以肯定是人给它们命了名。人们——包括其他观鸟者、鸟类学家、鸟导、朋友、儿女——知道你在做什么；他们知道你统计的是那些我们非常喜欢并为之分类、绘画、命名的事物。

鸟在乎吗？或知道吗？在某种程度上或许会，种类识别主要跟鸟类选择繁殖伴侣相关。但是观鸟清单呢？只有人才会有。

父亲第一次去湾畔森林的那天，他在克鲁克香克手册上添加了不少新标记。他看到了几十种鸟，其中四个“来福儿”[1]（鸟人的行话，指第一次看见的鸟）在空中盘旋。他在水里看到了三个新种：红喉潜鸟、鹊鸭、白枕鹊鸭。那天快结束的时候，他看到了第四种新鸟，一只红尾鵟，在海湾上空盘旋。当时纽约有几类猛禽比较多。掠食类的鵟，在湿地上空巡游。游隼，迅速适应了曼哈顿的都市生活，在摩天大楼的窗台和壁灯上栖息，俯冲至繁忙的人行道上捕食鸽子。那天结束了，父亲的观鸟清单总数接近了 100 种。

比赛开始了。

① 来福儿：英文“lifer”，观鸟者对新观得的个人新鸟种的专用语，中国观鸟圈子里将之译为“来福儿”，很生动，还蕴含着好福气的意思。——译者注

第3章　超级大年

这是我独自发现的第一只真正罕见的鸟。那是在1949年5月1日。整整一年，我差不多每个周末都在观鸟。那天父亲开车送我去了琼斯海滩，我们到了托比禁猎区，那是一片淡水池塘，位于琼斯海滩和吉尔戈海滩之间的高速路北面。停好车，我往西边的池塘走去。路的北面是盐沼，那里长满了繁茂的杨梅树和常春藤灌木丛。一只路易斯安那鹭（现在叫三色鹭）正站在灌木丛上，我一眼便认出来，它的色型特别显眼，还有蛇形的颈。我还知道它很罕见。据1942年出版的克鲁克香克《纽约及其周边的鸟类》记载，20世纪长岛仅有九次记录。那年我看了很多不同寻常的鸟，这是最稀罕的一只，而且是我自己发现的。

——路易斯安那鹭（三色鹭）（*Egretta tricolor*）

1949年5月1日，纽约琼斯海滩，#178

理查德看到的路易斯安那鹭不同寻常，以致不能只看其表面价值。这种鸟很大，有60厘米高，有灰蓝色的背和白色的腹部，你不可能弄错的。这孩子欣喜若狂，他也知道自己有责任广而告之。这意味着这位年轻的观鸟者要在第二天林奈学会的集会上宣布他的发现。

纽约观鸟群体的精英们汇聚一堂，他们对理查德的报告表示高度怀疑，就像20年前布朗克斯俱乐部成员通报鸟讯时，勒德洛·格里斯科姆的态度一样。咄咄逼人的追问者是约翰埃·利奥特，《长岛新闻·观鸟周刊》的专栏作家。

"它多大？什么颜色？描述一下它的覆羽！"

父亲回答得滴水不漏。他了解自己看见的家伙。最终，此鸟被确认为路易斯安那鹭适应生存环境变化的第一笔目击记录。该鸟种的分布区域正在向北扩展，1964年开始在新泽西州繁殖。如今，整个夏季，它是纽约市周边的沼泽和湿地的常见鸟。

是什么使得路易斯安那鹭如此不同寻常？

父亲毫不迟疑，"它是第一只，"他说，"完全属于我。"

随着20世纪40年代渐近尾声，祖父母越来越担心父亲的观鸟活动了。压力是无形的，又是强烈的。当他提到以鸟类学为职业时，他回忆说，那是唯一一次，祖母似乎真的对他的想法感兴趣，哪怕只是为了提醒他，他的想法是愚蠢的。父亲的数学、生物、化学都很优秀，经常得到表扬和奖励。现在的父母会鼓励聪明的孩子自己选择道路。但是，对一个第二次世界大战后生活在纽约的十几岁的犹太孩子来说，有天分的人，必须专注于一个目标，一个崇高的目标。"你要成为一名医生，"

祖母说，“一代名医。”我很容易就能想象到祖母强烈的态度和愿望。在我的记忆里，她谈不上严厉，但是睿智而有说服力。她喜爱阅读。跟小孙子们玩拼字游戏的时候，她总会手下留情。她把自己看作一个维也纳人并且引以为傲，即使在离开了那座拥有弗洛伊德和歌德的城市几十年后仍然如此。在我的记忆中，祖父是一个沉默寡言的人，却常常会往我和弟弟的手里塞一筒薄荷糖。祖母感情细腻，我的父母离婚后，她特别悲伤。我们周末到访和偶尔留宿时，她总是将我们照顾得无微不至，感觉就像在家里一样。她会教我用钢笔写字，或者贴心地将电视从《纽约时事》调至儿童卡通节目，并且一直陪着我们观看。

1948 年 7 月，父亲行了犹太男孩的受戒礼。那一年是他开列观鸟清单的元年，距联合国投票通过第 181 号决议不足一年。当时联合国总部就坐落在法拉盛草地[1]，距离父亲看见他的褐弯嘴嘲鸫的地方不远。那是犹太复国主义运动者的高峰时刻，对纽约社区来说尤其如此，结果公布时，焦虑的人群情不自禁地欢呼一片，跳起了传统舞蹈。祖父郁结于心的犹太复国主义情绪，瞬间释放一空。父亲还记得，他端着一个蓝白相间的哈达沙募捐箱挨家挨户去周围的新教或者正教邻居家敲门募捐的情形，那真是极度孤独和绝对徒劳的经历。但是，即使只带回去几分钱，父亲也会得到祖父母的夸赞。他们极度节俭，父亲的回忆里夹杂着心酸，为了给犹太复国主义运动积攒资金，他不得不吃变质的食品，特别是鸡蛋。这导致他时至今日根本不碰鸡蛋，想起来就反胃。

① 1945 年 10 月 24 日《联合国宪章》生效，标志着联合国正式成立。在曼哈顿的总部大楼落成之前，联合国总部设在法拉盛。——译者注

联合国通过第 181 号决议的时间，大概就在父亲 13 岁生日前后。即使是在那之前，庆祝的可能性也变得越来越小。巴勒斯坦爆发了骚乱，双方伤亡人数达到数千。1948 年整个冬天，以及接着而来的春天，双方一直在进行"保留"隔离区的谈判。与此同时，游击战不断升级，几个世纪以来居住在此地的居民也在进行迁移。双方的流血事件在增加，其中有几次是恐怖屠杀。祖父母越来越投入。"以色列宣布成立时，他们是那么高兴，"父亲回忆道，"随后却陷入了越来越深的担忧。"（1948 年 5 月 14 日，以色列宣布成立。第一次中东战争随即爆发。）

夏季，父亲将迎来他的受戒礼，观鸟再一次成为他的常态、他的避难所。对他个人来说，比起父母亲的鼓励，观鸟更能激起他发自内心的学习愿望。父亲学习很用功，数学和科学在班上总是名列前茅。观鸟则是一种逃离，是走出家门的一种方式，是安全探索世界的方式。在父亲的一生中，这个世界发生了一连串的恐怖事件。彼时，父亲即将步入成年，祖父母为他预设的梦似乎正在破灭。阿拉伯联盟秘书长阿萨姆·帕夏将反犹战争称为"灭绝战"。奥斯维辛集中营解放三年后，种族灭绝再次被某些人视为一个可以接受的"解决方案"，用来解决"犹太人问题"（当时流行的说法，指犹太人大屠杀后世界面临的问题）。对祖父母及其同道来说，这就像是被短暂囚禁的魔鬼又冒出了头。以色列和广义犹太民族的生存再次如履薄冰。以色列第一任总理戴维·本－古里安估计，在美国国务院严格禁止向其售卖武器的背景下，这个新国家的生存机会只有 50%[1]。

① 我祖父的一位堂兄叫戴维·科佩尔，那个时间正在以色列参加战斗。他是一名医生，跟本－古里安相熟，一度有望成为以色列第一任卫生部部长。这事后来没有成。据我所知，原因可能是戴维对这一事业一根筋似的强烈而执着，他消失在了中美洲的丛林中。后来是怎么"发现"的呢？当然是父亲，父亲在一次观鸟的旅途中找到了他。——作者注

父亲的受戒礼日，快乐中混杂着焦虑、忧伤。他来到了怎样的一个世界呢？对许多犹太人来说，美国国务院的中立立场表明，即使在美国也不一定安全。那个秋天，父亲大部分的时间都在树林里观鸟。祖父母则忙得根本顾不上他。他们并不了解他的爱好，或者说不知道他在编制观鸟清单。11 月 13 日，他在谷溪州立公园观得他的第 100 种鸟——斑背潜鸭，一种小个头、黄眼睛的鸭子。之后，就没有什么特别的新发现。天气渐渐冷了起来，父亲一如既往在观鸟。那年年末，他的总清单达到了 126 种。他才 13 岁呢。

其实，近代观鸟的先驱都是医生。当我跟父亲聊起这个话题，提到 19 世纪的鸟类学家的时候，他颇有些诧异。他是通过鸟，才知道这些人的[①]。严谨的观鸟者在编制观鸟清单愿望的推动下，对参考资料有一种强迫症般的收集欲望，手中往往集藏了成百上千种鸟类书籍。

美国内战后，一批年轻的医生发现，他们可以通过职业选择去做他们真正想做的事情：数鸟。斯潘塞·富勒顿·贝尔德[②]，医生圈里观鸟清单记录者的领袖人物，他放弃了自己的医学职业，成为史密森学会的助理秘书。像那个时期所有的观鸟者一样，贝尔德满足自己癖好的途径，除了标记，还有采集鸟类标本和鸟蛋。在由竞争和占有欲所驱动的鸟类学和鸟卵学的竞技运动中，人们一般不会只获取单只鸟类标本或一两枚鸟卵，而

① 近代鸟类学发展的过程中，很多鸟类被发现后会用人名来命名。奥杜邦困难时以及发达后，筹钱和报答恩人的一个重要方式就是用恩主的名字为新发现的鸟命名。关于这个专题，可参看现代博物学家米恩斯夫妇的专著：*Audubon to Xantus—The Lives of Those Commemorated in North American Bird Names*。——译者注

② 斯潘塞·富勒顿·贝尔德（Spencer Fullerton Baird，1823—1887）：美国博物学家、鸟类学家。——译者注

是采集一切能够采集到的。贝尔德获得史密森学会的任命后，从波士顿去华盛顿时，他本人的鸟类制品收藏箱塞满了两节火车厢。贝尔德提出了一个具有建设性的计划，因此他能够派遣自己的特使——全是顶级鸟人去往美国最边远的新开拓的边疆。他让史密森学会充当军事远征的志愿者，远征队正在设计和建造铁路，铁路将一直延伸至太平洋的岸边。这样的征程，没有鸟人的位置，远征队需要的是医学援助，医疗职业者才有施展空间。在超过十年的时间里，贝尔德的医疗和观鸟公司采集了数百万的标本和记录，其成果是美洲大陆的第一本鸟类名录，名称极为堂皇厚重的《密西西比至太平洋铁路沿线最经济实用路径的探险勘察报告》。该报告记录了 738 个鸟种。不久以后，报告名称更改为更容易上口的《贝尔德综合报告》。后来，它以一个非常奥杜邦式的书名《北美洲鸟类》出版。

对年轻的医生观鸟者来说，科学很重要；但是，正如今天一样，这其实只跟数字有关。贝尔德的两个门徒，埃利奥特·科兹和罗伯特·里奇韦，在野外采集权的争斗中，竞争白热化，以至于对贝尔德极限施压，让他二选一。科兹无疑更出色，同时又更难相处，故败下阵来。

史密森学会的先驱发布的名录，在整整一个世纪之前，引发了世界上的第一次观鸟热潮，其影响堪比罗杰·托里·彼得森将观鸟活动普及到包括我父亲在内的普通大众中。科学家变成了爱好者，爱好者变成了探险家，他们冒着越来越大的风险去击败对手。今天，我们的杂志、报纸会发布登山者和极限运动员的年度最好纪录，而那时，鸟卵采集被认为是最惊险刺激的户外活动。1889年，纽芬兰的《圣约翰晚间电讯》刊载了一篇文章，详细记录了约翰·卡洪的事迹。他自15岁开始采集活动，十年间几乎走遍了北美大陆。有报纸这样描述："一名美国鸟类学家的英勇壮举……他翻越了一座90多米高的垂直峭壁。峭壁下的钓客靠着船桨瑟瑟发抖，见证了那危险的攀登。"文章接着恭维说，卡洪是一位"超人"。几年之后，他在一座类似的临水绝壁上搜寻乌鸦卵，由于缆索失控，坠挂崖壁，尸体悬在水面上摇晃，几天后才被取下来。

鸟类学和鸟卵学杂志纪念这位坠崖的鸟人时说，即使是那"致命的一击"，也是"仁慈与喜乐的安排"。他的悼词称颂他是"一位典型的美国采集者"。

如果说伤害的危险代表着悲剧而豪迈的一面，采集活动让人着魔的特性里，还隐藏着更黑暗的一面，那就是用火车皮计量的鸟类屠杀。当时的人们认为，大自然可以无限地再生恢复鸟类资源，拥有一个鸟种的单一样本的确不错，但如果你收藏了一系列标本，三四打同一鸟类的尸体，你才会享有一定的江湖地位。还有一些鸟类学家确实认为，他的神圣职责就是尽可能多地射杀鸟类。哈佛比较动物学博物馆创建者路易斯·阿加西斯[1]拒不承认他积累的成千上万的标本代表了缩微的自然。"博物馆也跟自然一样，"他写道，"其生命力来自于不断地生长。博物馆一旦停止生长，它们的作用便会

① 路易斯·阿加西斯（Louis Agassiz，1807—1873）：瑞士裔美籍博物学家、地质学家、教育家。他的科学教育理论改革改变了美国自然科学教育的面貌。——译者注

衰退。”[①]

然而，事实胜于雄辩。象牙嘴啄木鸟和雪鹭等珍贵的鸟类数量在逐渐减少，而旅鸽的灭绝比其他任何鸟类的消失更让人心碎。19 世纪初时，旅鸽的种群数量大到无法描述，据当今的科学家估计，它们当时有数十亿的规模；有人甚至断言，北美大陆的旅鸽数量比全世界所有的鸟类加起来还多。旅鸽的减少始于森林栖息地的减少，但旅鸽最终的命运，正如水牛一样，被笼罩在一种几乎无法解释的疯狂杀戮里，贯穿整个 19 世纪，波及美国的每一个角落。狩猎旅鸽可能曾经是这个国家最广泛的休闲体育运动，有些获胜选手一天之内射落的数量超过 3000 只。对旅鸽群的最后致命一击发生在 1886 年一个血腥的下午。当时，全美只剩下一个旅鸽群落，大约 25 万只。一队技术熟练的俄亥俄州猎人通过无线电相互联络，一共猎杀了两万多只旅鸽，并射伤了其余几乎所有旅鸽。1900 年，最后一只野生旅鸽在俄亥俄州被射杀。一只名为马萨的笼养旅鸽活到了 1914 年。

鸟类学创建以后，缓解了有关采集的争论。新成立的美国鸟类学联盟认为，为了保持科学家因研究需要而杀戮和采集的权利，鸟类学有必要专业化，兴趣爱好者被排除在联盟之外。虽然部分业余人士认为这种切割伤害了他们，其他人却满腔热忱地拥抱了新的身份。查利·彭诺克，最初是一名鸟卵采集者，1900 年迷上了数鸟。他是最早提出“观鸟日”理念的人之一。在“观鸟日”，观鸟者要在 24 小时的时限里看到尽可能多的

① 请注意，商业采集——比如为了制帽业而进行的雪鹭收购——屠杀的鸟类远超科学家，然而科研这个柴火灶并没有为我们树立一个好榜样。——作者注

鸟种。彭诺克的方法与现代的观鸟计数方法有所不同，他统计看见的每一只鸟。某一个冬日巡行，他记录了 1714 只灯草鹀。1913 年，彭诺克的“魔怔”发作，突然抛下妻子和三岁的儿子戏剧性地消失了。彭诺克夫人满怀希望地等待，同时将丈夫收集的鸟卵悉数捐给了费城自然科学研究院。几年之后，佛罗里达州一个观鸟群里来了一名叫约翰·威廉的新成员。他不仅野外记录十分详尽，而且吃苦耐劳超越常人。不久，一份地方鸟类出版物的编辑发现，威廉寄来的记录笔迹跟查利·彭诺克的十分相像。彭诺克的一个妻弟专程赶到佛罗里达州查探，威廉只得招认自己就是彭诺克。他曾一度精神崩溃，过去六年里一直在南边游荡，用观鸟来疗疾。但他已经准备好了回家，家人不计前嫌，将威廉·彭诺克迎回了家。

业余观鸟活动的出现有一个标志，那就是从事这项活动的人群出现分野，一部分人视之为一项竞技运动，另一部分人视之为优雅的业余爱好。1894 年 11 月号的《鸟卵》杂志刊出了一篇题为《鸟卵学 VS 集邮》的文章，将此问题摆上了桌面。尽管今天的观鸟者不屑与集邮者为伍，可在当时，两者都是被广为认可的高尚娱乐。多种鸟类书籍[1]开始出现，这些书篇幅适中，对那些新奇的鸟类通常会有大段大段的生动文字描述，以帮助业余爱好者快速辨识目击的鸟种。与此同时，观鸟本身也变得更容易了。欧洲几家高品质光学器材制造商开始运用光学技术制造棱镜，此技术与放大镜技术结合制成的双筒望远镜效果不俗，图像明亮清晰，将远处的鸟拉近并放大了 8~10 倍。

① 这类书里最突出的是1898年出版的弗洛伦斯·梅里亚姆的《乡野的鸟》。从许多方面来说，她的这本书是彼得森理念成功之前的第一次尝试。作者称这本书的目的是要帮助那些“没有相关知识”的人实地辨认野鸟。——作者注

“望远镜超越了猎枪。”勒德洛·格里斯科姆这样写道。

装备解决了，辨识变得容易了，而游戏规则还没有。1900年，《鸟界》杂志（今天以《奥杜邦》之名仍在出版）的编辑弗兰克·查普曼提出建议：观鸟计数比赛，以纽约为主场，在全美国同时展开。查普曼倡议：“在一天的时间内，统计在村庄……农场……或者城市里看到的所有的鸟类。”曼哈顿圣诞节的数鸟首秀基本成功，有27名观鸟者参加，记录90种鸟①。这一理念从此起飞。至1910年，这样的活动吸引了数百名观鸟者及数千名观众。时至今日，假日数鸟仍然是最普及的观鸟比赛形式。由此还延伸出了许多形式，包括特有鸟种的比赛（比如不列颠哥伦比亚的布拉肯代尔举行的“年度白头海雕调查”）、观鸟计数马拉松（比如新泽西24小时“世界观鸟锦标赛”），以及五日不间断白加黑（比如“大得克萨斯观鸟锦标赛”）。这些活动之所以成为可能，是因为查普曼提议之初定下的赛事规则，是建立在不断积累的知识技能、荣誉以及诚信体系基础上的。

1949年是父亲早年观鸟生涯中最激动人心的一年。在即将跨入那一年的时候，发生了一件有纪念意义的事。1948年12月26日那天，父亲参加了皇后区鸟类俱乐部第54届查普曼圣诞观鸟比赛。在珍宝大道立交桥下(去我祖母的老房子就要穿过这座立交桥)，父亲首次尝到了独立发现鸟种的狂喜。“常见的”黄喉地莺，父亲标注道：“冬天不常见。”那一刻，他

① 1900年“圣诞观鸟计数活动”以纽约为主场，在北美同时展开，北起加拿大的新布伦瑞克省，南至加利福尼亚州的蒙特利县，总共13州2省区的27人参加，所有参赛者都是步行。查普曼在《鸟界》刊登了比赛结果：观鸟总数18,500只，90种。——译者注

忽然意识到，自己能够独立观鸟了。在那一刻之前，“我的技巧都没有派上过用场，我不能肯定自己能不能独立辨识鸟种”。

从那时开始，父亲观鸟不再需要跟其他人一起了。同伴不再是必需的，而是可选项。“我自己可以完全做到的念头，我可以完全自己学会的想法，让我觉得爽透了，”父亲说，“而这正是我想要的。”

编制鸟类名录非权威不可。对美国的观鸟者来说，最高权威是《北美鸟类名录》。它涵盖了地球上五分之一的鸟种，部头比曼哈顿的电话黄页还厚，共 829 页，描述了 2023 种鸟类，地理范围覆盖北美大陆最偏远的角落：从冰封雪飘的白令海岛屿，那是北极燕鸥的故乡（北极燕鸥是地球上迁徙距离最远的鸟类，每年从南极飞到遥远的地球另一极的筑巢地），到无法穿越的巴拿马达里恩沼泽，角雕是那里的空中王者（它以每小时 50 千米的速度在丛林里穿行，捕捉猴子）。

今天，该名录由美国鸟类学家协会出版。初版（目前已经出到第 17 版）由埃利奥特·科兹编制，于 1874 年完成，长达 137 页，记录了 637 种鸟。科兹在前言中写道，对这么一份名录的需求“迫在眉睫”。越来越多的人开始观鸟，他们需要某种方法来记录所看到的鸟，即使还谈不上辨识。科兹也知道，他在做的是筚路蓝缕的开创工作，不会恒久不变。正如每个人一生中观鸟的数目在不断增加，清单也在不断变化。即使在今天，某些鸟类是成熟的物种还是亚种，观点也不一，个人观鸟总清单也会随着变动。在过去的一个世纪里，“主合派”（将几个鸟种合并为一个种的鸟类学家们）和“主分派”（将一个

鸟种拆分为几个种的鸟类学家们）各领风骚三五年，来回变化，各行其是。科兹知道，名录会不断变化，他说，任何单一的计数方式“要不了多久就会过时”。

这项游戏的规则是严格的，但正如任何竞赛一样，人类总是在挑战自然，规则亦随之变化。这也是不变的规律。当世界最偏远的角落变得为人所知时，鸟类的数量开始增加，这一进程一直持续到了今天。早期的名录，由具有献身精神的爱好者编制而成，他们为这些变化奠定了基础，也为职业鸟类学家的到来铺平了道路。当科学家们将鸟类统计扩张到整个星球的时候，爱好者总是会追随而至，只为了多看一种鸟，仅仅是为了多一种——让他们观鸟清单上增加一种。

一开始科兹就知道，鸟的种类会不断增加。他明白，生命的真谛就是不断进化。唯一恒定不变的，是“入坑”的大多数观鸟者追逐鸟类的行为方式。究竟看多少种鸟才能满足呢？科兹问他的读者。为了勉励大家，他自问自答：你能看到的所有的鸟类！

父亲开始观鸟的地方曾是联合国总部最初的所在地，对他个人来说颇具象征意义，然而，此地之所以成为历史性地址背后的城市发展，对父亲的观鸟活动才具有实质性的影响。在洛克·菲勒家族捐赠曼哈顿的地块之前，罗伯特·莫斯[①]——纽约的传奇“建筑大师”，力主联合国总部大楼落地法拉盛。此时，新修的高速公路纵横交错，皇后区被“切”成了碎片，迷宫般

① 罗伯特·莫斯（Roberts Moses，1888—1981）：20世纪中叶，罗伯特·莫斯以政府官员的身份主持纽约的城市建设，他选择以高速公路作为公共交通来建设长岛的现代郊区，这一理念影响了一代建筑师和城市规划者。他没有接受过专业训练，却被媒体称为“建筑大师”。——译者注

的立交桥、天桥、居民区在路的周围冒了出来，正如亚瑟·斯科佩克所言，皇后区“变成了鸟况不佳的地方，整个区的面貌变了”。

开发意味着更多的开发。法拉盛草地变成了法拉盛草地公园，主街另一边的“沼泽”，父亲第一次看到他的许多鸟种的地方被填平了，密集的联排屋和花园公寓建了起来。“观鸟者对这些变化都了然于胸，”父亲说，“到20世纪50年代，几年前我们还经常去搜寻的鸟类栖息地，已经全部消失了。”尽管如此，二战后的城建扩张也有一些正面影响，至少对父亲的观鸟清单来说是这样的。新的高速公路，使较远的观鸟点比较容易到达了。去琼斯海滩曾经是颇艰难的远足，现在变得简单了，不用劳烦祖父母，父亲搭便车就过去了。我问父亲，怎么会有那么多观鸟者让他搭便车，他说：“这个嘛，如果是春天的大清早，去琼斯海滩的人并不多。你胸前挂着双筒望远镜，竖起大拇指，十之八九能搭上车的。”

父亲外出观鸟让祖父母深感焦虑。我想，他们看待这项娱乐的态度是消极的。他们会怀疑一些有此爱好的单身老男人，特别是父亲在布朗克斯公园里碰到的那位，因为他们通过模仿鸟的叫声来相互联络。可父亲说，他从来就不担心那人的性取向。“我们是观鸟。”他说。当然，祖父母的关切当中，首要担心的是他无法实现他们为他规划的学医使命。祖父母软硬兼施，想方设法确保儿子只把观鸟当作业余爱好。可父亲观鸟却越来越出色，特别是在独自冒险外出观鸟之后，他变得自信了，强烈的欲望和雄心也被激发了。

重大的转折，出现在父亲发现路易斯安那鹭之后。“我在

描述新发现的时候，紧张极了，”父亲回忆在林奈协会发布发现新鸟的经历时说道，“我鼓足勇气才说了出来。”他的发现被接受后，消息刊登在《奥杜邦野外记录》上，那是一份通报各地罕见鸟讯的期刊。我十几岁的时候，这个记录变成了“罕见鸟通报”的电话录音；今天，此功能已经被更高效的互联网取代。父亲在社区图书室阅读《奥杜邦野外记录》多年，他特别着迷于那些他只能在梦里才能去到的地方的报告。当自己的发现出现在这本记录上时，他无比骄傲。可惜父亲不记得，当时他的父母亲是否跟他一样骄傲。

在林奈学会作报告的经历成为父亲人生的转折点。“我终于发现自己有擅长做的事了。”他说。1949 年，他不停地观鸟，受邀参加了几项观鸟比赛，那年底，他增加了 116 个新种，观鸟总数达到了 242 种。“我希望，”父亲说，“有更多这样的年收成。这才是我期待的生活。”

父亲为他新近生出的狂热劲头付出了代价。这股狂热突然出现在祖父母的雷达上，他们就想方设法要加以阻挠。父亲很不情愿地报名参加了小提琴班，以培养更“有益”的爱好。背着小提琴跋涉曼哈顿，被迫练琴成了父亲颇不愉快的记忆。“我讨厌它，我讨厌小提琴，我讨厌练琴。”他说。这并非因为他没有音乐天分，他可是萨克斯高手。他说那只不过是另一种公开抗议，抗议“我的意愿不被父母重视”。

一年之后，就在父亲 15 岁生日那天，出现了一个更具象征意义的反对他观鸟爱好的信号。即使到了现在，父亲提及他收到的礼物时，仍有些迟疑，我隐约仍能感觉到他的愤怒。当时，他希望得到一支阿格斯单筒望远镜用来观鸟、观星、观远方，也许还有宁静的风景。可他拆开礼物一看，竟然是一台显微镜。这不是开阔视野而是收缩世界的方式，但能助推他沿着安全的人生路径行进。那是一个未来的医生的工具，不是一个天马行空的年轻梦想家的期望。他记得，他感觉自己突然像泄气的皮球，不得不强压愤怒，佯装感激，就像一个有责任感的儿子应该表现的那样。

“我恳切地表示，一定照他们的愿望去做。”他说。

当我们所爱之人对我们寄予厚望，而那并不是我们所期待的，会有什么结果呢？从强烈反抗到默默服从，有多种可能。后来的几年，父亲在两个极端之间摇摆。当他朝一个方向走得太远、太危险的时候，好像总有一只无形的手，会猛地将他拽向另一个方向。

父亲说，1950 年他的观鸟清单上只增加了九个新种。“我退了出来，因为每个人都认为我应该培养别的兴趣。”父母的压力，以及工程机械不断改变着皇后区面貌的现实，使他早年观鸟的成功以及由此而来的自信和献身鸟类学的志愿突然间消失了。父亲最喜欢流连的地方变成了当地一家叫“精彩时刻”的糖果店，这家店位于主街上，几年前他游荡的树林就在路对面。父亲静静地看着一丛一丛的橡树林和枫树林消失，代之而起是一排一排的房屋。父亲开始参加体育运动，听爵士音乐。“我对女孩也有了兴趣，”他说，“虽然跟她们相处我有些腼腆。上高中那阵子，我没有真正约会过。”即使如此，他仍觉得日子怪怪的，总有莫名的愁绪涌上心头。当时，他喜欢两本书，一本是欧文·舒尔曼的关于孤独、粗鲁的纽约少年的小说

《安博公爵》，一本是梭罗的《瓦尔登湖》。

那段时间他没有外出，却会留意周围的一切。我母亲，罗莎琳德·布伦纳，比父亲小五岁，那时住在几千米外的森林山。父亲的一个朋友迈克·格兰茨有一个妹妹，她跟罗莎琳德是好朋友。跟父亲聊他是怎么爱上我母亲的这个话题很不容易。当时母亲才12岁，就已经出落得亭亭玉立，长长的黑发，棕色的眼睛，小巧而完美的鼻子。她是学校里各类赛事的常胜者，也很聪明，一直是班上的英语尖子。可是，她的家庭则有些不安宁，父母亲常常争吵不休，似乎生活总是入不敷出，因此，待在她朋友相对祥和的家里时，她更快乐，也更健谈。"她总是在那里，"父亲说，"她还是个小孩的时候我就挺喜欢她。"

如果说父亲一开始就爱上了我母亲，会有点夸张。但假如你了解我父亲的话，极有可能就是这么回事。对此他一直缄默不语。当然，在他们短暂的婚姻结束35年之后，他说过一句话，那句话不只是一种暗示，与其说是一种感情的表白，不如说是一种心声。如果你漫不经心地听，几乎听不到其中的含义，可是当你集中注意力去听，你会发现它一直都在，一直都在。

"你妈妈，"他说，"她很漂亮！"

父亲也知道他未来的妻子的家庭并不和睦，他发现了拉近他们关系的助推力。父亲说："她很敏感，我喜欢扮演帮助她平静下来的救助者的角色，那感觉很美妙。"

他们在一起的短暂而戏剧性的日子，仍然停留在遥远的1950年。母亲少女初成，而父亲，家里给他报了名参加科学提升课程，准备考大学。他对观鸟的热爱被深藏在心底，却仍然在潜滋暗长。"内心深处，"他说，"我想成为一名鸟类学家，一直都想。”父亲在皇后区鸟类俱乐部的一些伙伴，年龄稍长于他，已经小有名气。沃尔特·博克，后来成为极有影响的鸟类学家，如今是哥伦比亚大学生物学的荣誉主席。沃尔特当时选择去了康奈尔大学，这所学校对我父亲来说也是一个不错的选择。作为常春藤成员的康奈尔大学，祖父母颇为中意。当然，他们不一定知道那里的鸟类学课程当时（今天仍然是）是全世界最好的课程之一。父亲开始花时间在图书馆阅读鸟类图书，研究鸟类，并刻意保持低调，特别是对祖父。“父亲向我施加巨大压力，不让我成为鸟类学家，他决不允许。我也知道，如果我成了鸟类学家，他会很不高兴。”他的抱负遇到的另一精准打击来自祖母。她向一位心理学家咨询儿子观鸟的事，诊断结果给父亲留下了心酸的记忆。“她告诉我父母，”父亲回忆道，“我是偷窥狂，也就是说我有‘偷窥’的毛病。”

后来，奇妙的事发生了，父亲只差一点儿就成功了。我花了十年的时间去探索、思考、提问，将父亲的这些点点滴滴串连起来，但我仍然没有完全弄明白那件事是怎么发生的。周围的一切都压迫着他无法实现雄心壮志，他却离目标十分接近了。然而，即使他将自己带到了正确的地方，他却从来没有让自己真正去击中目标。

父亲最初进了康奈尔大学农学院。对于一个想要成为鸟类学家或者医生的人来说，真是去错了地方，对他们来说，正确的选择应该是康奈尔大学生物学专业。父亲本可以选择生物学的，这样比较保险，这个专业对于要学习科学和医学的学生来说并没有差别；他可以之后鼓足勇气，再次进行选择。

但是，他没有这么做。

他选择了农学院，一个他毫无兴趣的专业。

为什么？父亲说他听从了一个“坏建议”，“没人告诉我怎样成为一名鸟类学家，或者别的什么学家。没人告诉我应该怎么做”。但是，按他那喜欢打破砂锅问到底的性格，他本可以请教沃尔特·博克以及林奈协会众多的鸟类学家的，父亲一定知道他应该如何选择，他一定知道去农学院绝对是去错了地方。今天，当我让他解释那时的选择时，他已经解释不清楚了。“我并不是一门心思想成为医生，这让我父亲有些惊慌失措。”几乎不假思索地，父亲补了一句，“有人说，如果我成为一位兽医，父母亲也是勉强可以接受的。”

未来的兽医还真的选了康奈尔大学农学院。这个选择似乎是一种妥协，父亲不想做医生，但也不会去研究鸟类，尽管这样的选择任何一方也不满意。由此，我可以看到，父亲经受着梦想和责任的双重煎熬。然而，反转出现了，父亲根本就没有去农学院就读。他再一次闪避开来，朝自己的心愿奔去。康奈尔大学的农事课程要求有田间劳作经验，开学前的那个夏天，父亲去了一个农场做工，一周七天，每天早晨五点起床，他“恨透了这活，即使就在乡下，也抽不出一分钟时间观鸟”。他决定，无论兽医对他的父母亲（或他自己）意味着什么，都不值得。夏天刚刚过了一半，父亲就离开了农场。他再一次自己掌握了主动权。他几乎做了自己想做的事。他没跟家里打招呼，就给康奈尔大学打电话，申请从农学院转到文理学院，在那里他可以选修生物学。转专业不是那么容易的，两个学院的性质不同，通常是不允许调换的。父亲想方设法跟大学的管理层联系上了，转到文理学院的选择也获得了父母的同意，他离医生的职业近在咫尺了。

但父亲不想当医生。最后，他还是忤逆父母，为自己做了选择。

他宣布，他不会去读医学预科。

让人吃惊的是，他也没有选择鸟类学。

第一学年结束后，父亲宣布选修英语专业（最终，他再次改变专业，大学毕业时，他获得哲学学士学位）。祖父母认为这是最糟糕的选择，即使鸟类学也比这强。他们怒不可遏。父亲说，他不知所措，只好放弃。他知道他必须挣脱父母的束缚，但愧疚迫使他做出选择，这种选择在某种意义上像是一种自我惩罚。他确实对小说和诗歌感兴趣，“这是我从没有接触过的东西”，但他也承认，这一选择是“彻底否认我的科学兴趣”的一种方式。父亲放弃了他最热切的抱负。“从那个时候起，”他回忆说，“我就不知道自己这辈子想要干什么了。”他停顿了一会儿，接着说道：“但是我知道，自己永远也成不了鸟类学家。”

大学期间，父亲没有放弃观鸟。他跟室友乔尔·艾布拉姆森全力投入，相互展开激烈的竞争。今天，艾布拉姆森也是一名超级记录者，其一生记录的鸟类超过6500种。然而，父亲大学期间的大部分时间，是在喝酒，是在将那颗心摔碎。他的初恋情人芭芭拉，在另外两个情人间摇摆不定，只有在两不靠的时候才会回到父亲身边。“不知怎么，我总是很受女孩的欢迎，”父亲说，“特别是那些无法跟我长久相处（结婚）的女人。”在大学里，他没有去实现自己的抱负，反而感到更加迷

茫，那被压抑的雄心壮志似乎压扁了他。毕业后，他仍然迷茫。20世纪50年代后期，父亲生活在辉煌成就和彻底麻木的奇怪反差里。他流连在格林尼治村周围，想成为一名作家。他将自己归入“垮掉的一代”，同时又搜寻招工广告，想找一个他所谓的能“全身心投入”的工作。当得知他很快会被征入伍，父亲申请了哈佛大学法学院并且被录取了。1956年他开始上课，入学六周之后退学。“我发现自己特别想就这么在格林尼治村住下来，胳膊下夹着法国象征主义诗集，到处闲逛，这种愿望十分强烈。”父亲说。

1956年一整年，父亲的总清单里没有增加任何新种，这在他的观鸟生涯中前所未有。他无法解释为什么没有观鸟，至少没有用心观鸟，一种飘浮不定的感觉挥之不去。“我只是不知道我想做什么或成为什么人。”他说。那年年末，父亲搬回了皇后区他父母亲的房子。但他常常几天不归家，在闹市区的酒吧借酒浇愁，偶尔发泄一下心中的愤怒。迫在眉睫的征兵阴影放大了他的压力，他就是觉得自己不适合当兵。“我知道我得做点什么事了。”父亲回忆道。

他终于屈服了。1957年，他开始在哥伦比亚大学上课，补修进医学院必需的科学课程。对市中心的那些朋友，他严守着这个秘密。“我做出这个选择，唯一原因就是要摆脱服役的痛苦和恐惧。”父亲说，“但我不想让他们知道。”1957年父亲的观鸟清单也没有加新[①]。1958年年初，父亲收到了纽约大学医学院的录取通知书。直至今天，他仍对此耿耿于怀。

开学前的那个夏天即将开始，我认为，那是父亲作为一个

---

① 鸟人的行话，意思是增加新种。——译者注

年轻人能够选择自己人生路线的最后机会。父亲在租车公司租了辆车就上路了，包里塞了一本凯鲁亚克[①]的《在路上》，副驾驶座上放了一本彼得森的《西部鸟类野外手册》，他要来一次横穿美国的旅行。一谈起这次旅行，他的声音里就充满了愉悦和激动，不再有失落感。那是回归内心的旅行，是短暂地拥抱宁静的快乐时光。“太震撼了，”父亲说，“我看到了那么多神奇的东西。”他酷爱在路上的生活。他酷爱大平原、大峡谷，还有落基山脉的景色。

他还看到了 63 个新鸟种。

父亲的医学院录取通知书就在他的背包里。沿西海岸一路往南，父亲已经心醉神迷了。旧金山、蒙特雷、大瑟尔，还有那些他十多年前在图书馆里翻烂了的目击报告中见过、做梦都想看到的鸟。8 月一个和煦的傍晚，父亲终于来到了洛杉矶北面的文图拉海滩。

落日的余晖映红了海面。父亲挂着双筒望远镜站在海滩上。鸟类的秋季迁徙已拉开序幕，朝向温暖的地域迁徙而来的鸟浪[②]，一浪接一浪滚过天际。那天傍晚，他没有新收获，不过没关系。那一刻，观鸟清单已经不重要了。“那是我见过的最美的景色，”父亲说，“那就是天堂。”

有那么几分钟，他想过不回去了。他甚至想从背包里拿出录取通知书，一把撕掉，撒向空中，让它随风飘散。但他终没有动手。是不是心中的那个女孩，罗莎琳德，马上 18 岁了，

---

① 杰克·凯鲁亚克（Jack Kerouac，1922—1969）：美国作家。1957 年他的自传体小说《在路上》问世后，成为“垮掉的一代”的代言人。他还著有《达摩流浪者》《地下人》《孤独的旅人》《孤独天使》等。——译者注

② 鸟浪，不同种类或单一品种的鸟组成的团体或大群体，形成混合鸟群，在一个相对集中的时间范围活动的现象。——译者注

让他牵挂？我真希望自己知道。我希望父亲能够告诉我。但他不作解释，还试图转移话题，将这扇门关上了。我只知道，所有的作家都会谈论的那个转折点——做出重大选择的一刻，发现此路不通的一刻，一切都在改变的一刻——就是这一天，父亲在夜幕降临之际，站在太平洋海岸边，他来到了人生的十字路口。或许是鸟儿警醒他，不要痴迷？抑或是它们那么遥不可及，将他和他的梦一起带走了？

或者，那不过是随波逐流的选择。或者，就像所有的人一样，在某一时刻，循例行事就够了。去学校吧。跟那女孩结婚吧。担起责任来吧。

他买了一张回家的汽车票。

是时候继续前进了。此刻，也许是余生，不再观鸟。

第4章　爱好而已

在去加利福尼亚州的路上，我收获了 17 个新种。在加州，我见到的大多是常见鸟，但在圣地亚哥河谷，我发现了一只罕见的稀有鸟，黄绿莺雀。在过去几年里，关于黄绿莺雀的分类，时分时合。看到它的时间，正好是我开始医学实习的前一天。辨认它并不容易，但凭它那漂亮的外表和鸣唱，还是可以确认。我想与人分享。朋友给我介绍了一名圣地亚哥的鸟人，我领着他去看。遗憾的是，他几乎完全失聪，根本听不到鸟儿的鸣唱。那年结束，我的清单上增加了 53 个新种。

——黄绿莺雀（*Vireo olivaceus*，
一度从红眼莺雀中分离为独立种，现在已合并）
1962 年 6 月 28 日，加利福尼亚圣地亚哥，#467

我们沿着得克萨斯高速公路驱车一路向南。深蓝色的天空，在黄昏时分，洇染橙红的落霞。沙砾在我们车轮下咔嚓作响，烂泥块和石头拍打着保险杠和车门。父亲开车，母亲坐在副驾座，我和弟弟坐在后排座。即使是开着车，父亲的双眼仍然透过厚厚的黑色镜片，死死盯着远方。他剪了一头短发，脸刮得干干净净——在我的印象中，父亲平时不是这个样子。弟弟吉姆三岁，我快五岁了。弟弟和我一点儿都不像。我长得像母亲，还有跟她一样的黑头发，弟弟的头发则是淡黄色的，跟父亲的发色颇相近。父亲的蓝色眼睛我们俩都没有遗传，但我却像父亲一样近视，戴副眼镜，像小号版的父亲。

当父亲透过脏兮兮的挡风玻璃看向外面的时候，我在看什么呢？也许是在盯着妈妈看，她焦虑、美丽，好像受了惊吓，有时候在生气，她跟车里的另外三个人总是格格不入——哪怕是现在，我在写这本书的时候，已经是 30 年之后了，感觉她仍然如此。也许她在看着窗外，认那一个个的路牌。我童年的大部分时间，似乎是一场无休无止的汽车旅行，有的地方让你惊叹不已，有的地方却单调乏味。父亲最终还是入伍了，在圣安东尼奥接受为期 12 周的基本训练。我对得克萨斯的记忆全是碎片，但我记得那家汽车旅馆，那个游泳池。我还记得那次汽车旅行。那里有一只鸟。

那是一个炎热的下午。有时候，父亲一停好车，就抓起双筒望远镜往外冲，把我们丢在一边。母亲通常是待在原地。父亲有时也会带上我，后来，弟弟长大了一些，还会带上他。父亲会指个东西给我们看：一棵树，一根围栏杆，或者一片光溜溜的天空。在我的记忆里，那条路似乎没有尽头。我不记得山峦，不记得树木，只记得伸向远方的电线杆。

父亲把车开到柏油路边停好，下车，打开后车门，把我拽出来。他一只手搭在我肩上，一只手往上，指向头上方的一根电线。

那里有一只鸟，透过我那通常是脏兮兮的镜片，我大致能确定，它比当天我们见过的其他鸟都大一些，但区别又不像鹰和麻雀那么大：它个头中等大小，有一根长尾巴，很长很长。

一辆卡车轰然而过，扬起漫天灰尘。车驶过时我紧紧地搂住了父亲。当空气中的尘埃落下来后，父亲单膝点地，将他那副很重的双筒望远镜对准我们的双眼，一边调焦，一边把镜筒朝向电线。

辨识霸鹟是件非常困难的事儿。全球有 350 多种霸鹟，美国有 35 种，其中有六种的辨识尤其具有挑战性。肯·考夫曼，现代鸟类野外手册《北美鸟类》的作者，彼得森开创性事业公认的继承人，要言不烦地指出，霸鹟科“最好听音识别”。它们看上去几乎一模一样，对于其中的北美纹霸鹟和科迪纹霸鹟，考夫曼建议观鸟者直接放弃。他写道：“不妨把它们统称为西部霸鹟。”

不过，我们看见的那一只，并不是特征模糊难辨的鸟种。我那本翻烂了的彼得森《得克萨斯鸟类野外手册》[①]是这样描

① 彼得森出版了一本单独一州的野外手册，因为得克萨斯州的范围实在太大了，各种地形、地貌、气候——西部的群山、东部的森林、海岸线、热带地区——全聚到一起了。——作者注

述这只霸鹟的："一种美丽的鸟，呈珍珠灰色，有长长的剪尾。'剪子'通常收拢，肋部和翼下覆羽浅橙色。在霸鹟中，唯独它有飘逸的尾羽。"

如果当时将这段描述读给我听，我会觉得有点轻描淡写了。我看到的那只鸟羽毛蓬松，很奇怪，很笨拙。我长时间地盯着它看。看得实在太久了，父亲索性让我自己握住望远镜，他到一边抽烟去了。我还记得望远镜橡皮眼罩压在我那角质镜架里厚厚的镜片上的感觉。我还记得我的镜片起雾了。当我将望远镜递回父亲手中时，他用手绢擦了擦目镜，然后又用那块手绢给我擦了眼镜片。

终于，该走了。

"剪尾王霸鹟"，我不停地嘟哝，想象那尾巴是用来捉飞虫的工具，但显然我错了。我想象着那剪尾在空中划来划去，一剪捉住昆虫，粉红色的羽毛疾速飘过。我想象着，父亲和我，这只非同寻常的鸟的发现者，试图将它从空中打下来——至少是用眼神。

在 20 世纪 60 年代早期，要完成一份超级观鸟清单，只存在于想象中，并不能成为现实。一般认为，当时全球的鸟类大概有 8000 种，却没有一份广为大众所接受的权威名录。世界上鸟类最多的地区——非洲和南美洲——没有野外手册，没有革命性的"彼得森"。彼得森自己正在追逐超级数字：他把斯图尔特·基思——后来成为吉尼斯世界纪录的头号观鸟清单选手——当作竞争对手，誓要拿出自己最高的年度清单。事实上，当年基思从不列颠来到美国，就是为了赶超彼得森创下的单一年度纪录[1]。后来基思留了下来，还和彼得森共同创办了美国观鸟协会。

彼得森不断提及一个目标，简而言之："我个人希望，在我有生之年，可以看到世界上一半的鸟。"这个目标——彼得森和他的同事们简称为"一半"——直到20世纪80年代才终得以实现，而他的对手基思则早他十年达成了。

在20世纪60年代早期，有谁想过可以看到这么多种鸟吗？在我出生的那年，父亲的总清单是420种，已经非常了不起了。虽说那个年代的记录没有保存下来，但是直到1974年，美国才有129名观鸟者拥有超级记录。从世界范围来看，当时仅有11人观鸟超过2500种。今天，观鸟超过2500种的人依然很少。美国观鸟协会的一份名单显示，只有256人超过了那个里程碑，是这个精英团体总成员的百分之一。

父亲说，他没有那么远大的目标，因为在那个时候那数字"都是闻所未闻的"。事实的确如此。

要实现这个数字也并不是不可能。尽管彼得森和基思觉得达成"一半"这一目标需要花上几十年的时间，但是迪恩·费希尔——他也许是第一个真正的超级清单记录者，大多数人都没有听说过他——只用了几年的时间。

第一次听到费希尔这个名字的时候，我不相信确有其人，因为我看过的早期鸟类计数资料里没有他的名字。我只是听

[1] 1953年，彼得森参与了英国著名鸟类学家詹姆斯·费希尔组织的30,000千米穿越新世界的长途探险。他们的故事后来以一本书和一部资料片的形式呈现出来，就是《狂野美洲》。彼得森在书的注释里不经意地写了一句："附记，1953年我的观鸟记录572。"后来竟成为今天"观鸟大年"的由来。《狂野美洲》出版的第二年，牛津大学25岁的毕业生斯图尔特·基思为书中的行程着迷，要重走这条路线。1956年，他揣着"彼得森"和《狂野美洲》，开着他那辆1953年的福特车上路了。他的大年成绩是598种，击败了彼得森。——译者注

说，他跟一位朋友在超过 35 个月的时间跨度里开着一辆破旧的吉普车穿越了世界各大洲。费希尔是为了看鸟，他的同伴诺贝尔・特伦罕姆则爱好新鲜刺激的冒险活动。

费希尔和特伦罕姆相识于太平洋上的一架运输机上。当时两人都在服兵役的尾声，谁也没有准备好安顿下来。特伦罕姆建议一起环游世界。

"我想了解其他文化，寻求商业机会。"特伦罕姆说。

费希尔却有不同的想法。他跟我父亲同年，如今是一名退休的生物学教授，住在得克萨斯州的纳科多奇斯。当时，他的观鸟总清单接近 900 种。他说："我希望我的观鸟总数达到 4000 种，我想做一件从来没有人想过的事。"他想成为观鸟界的杰克・凯鲁亚克。

1959 年 1 月，他们俩从加利福尼亚州的帕萨迪纳出发。

接下来的几年里，费希尔的记录狂飙猛进，还差一点儿被取消记入清单纪录的历史——倒不是因为他没有看到几千种鸟，而是因为他所做的事，被认为是不可能的，人们甚至连想都不敢想。他和特伦罕姆开车穿过墨西哥，乘货船绕过巴拿马，驱车直至南美洲的最南端，从那里坐船到达非洲，然后开车穿越了欧洲、亚洲。他们在安第斯山脉世界最高的公路上行进，在死海岸边世界最低的公路上旅行。他们手里没有值得一提的鸟类专著，只有极陈旧的参考资料。

费希尔知道，他们遇到的许多鸟他都辨认不了，于是他做了详细的笔记，将其栖息地、行为和外形特征一一记下。在接下来的 30 年时间里，他博览群书，将那些神秘的鸟儿一只只辨认出来。他辨认出最后一只鸟的时间是 2001 年，那时他在肯尼亚卡卡梅加的热带雨林里目击一只在树下活动的圆嘟嘟的小鸟——至此他的旅行笔记终于可以合上了。

灰胸鸦鹛是费希尔在那趟旅程中观得的3000余种鸟之一。将之加入总清单的时候，费希尔估计自己是有史以来第一个观得4000种鸟的人，然而他并没有想过公开它（实际上也没呈报的对象[①]）。为什么呢？

“这个嘛，”他说，“发生了太多的事。旅行的最后一程，我遇到了我的妻子。后来我忙着当新郎官。况且那事似乎也没什么重要的。”

听了费希尔给我讲的他的故事，我暗自思索，终止一件事情或一种生活，在多大程度上是不可避免的？这样选择又要付出多大的代价？父亲告诉我，他必须承担责任。我们大多数人都有过类似的经历，突然间发现一度追求的东西不再重要。有时候，我们不得不改变生活方式，去重新追寻那些快要消失的东西。

有时候，我们只是放弃了梦想。

当迪恩·费希尔追逐数千种鸟的时候，父亲却将鸟推开了。父亲说，1958年，“我打消了回头去学鸟类学的如意算盘”。问他为什么，他直言不讳地回答：“已经没有任何可能性了。”

父亲进了医学院，也开始跟我的母亲约会。

外祖父母跟祖父母不同，并非滋润的中产阶级。我还记得外公默里长得挺帅的，喜欢开玩笑，老是讲他的财产得而复失

① 在那个年代，观鸟活动基本上还是自发的民间活动，本章前文也提到，1960年的记录资料根本没有，美国观鸟协会创建于1969年。——译者注

的故事，他最喜欢的消遣是打高尔夫和看赛车。

母亲说，她是在家庭冲突不断的环境中长大的：外公总想重新富起来，而外婆则性子火暴（她说话尖刻，一些难以想象的恶毒言辞总是能脱口而出，记得大学期间有一次我把头发剪得很短，她就叫我“纳粹”。年轻的时候，她的语言暴力还会伴随行为攻击。在这个家中，母亲干家务活稍有闪失或抱怨，就会招来一顿暴打。因此，母亲在她自己最脆弱无助的时候，控制不了自己，偶尔也会对她的孩子们如法炮制就不奇怪了）。

跟我的祖父母一样，外祖父母默里和贝蒂的身上也深深地打上了他们生活经历的烙印。他们从波兰一个说俄语的小地方，背井离乡来到了美国。几年前，埃利斯岛上的一位历史学家采访过外祖母贝蒂。根据她的描述，15岁生日刚过，她就从田园诗般的生活中被拽了出来。“我们家穷，”她说，“生活在乡村。没有玩具，也不需要玩具。我跟兄弟姐妹们有花做伴。”内布可夫家族于1916年全体移民美国，接着外祖母进了小学，踏进了人头攒动的布鲁克林威廉斯堡街。从理想到现实的转换让她产生了幻想：她会成为电影明星，会变得有钱，过上奢侈的生活。她的父母跟罗丝和莫里斯不一样，没念过大学。贝蒂和默里很勇敢，顽强地讨生活，永远在寻找生活的出路（外祖母的哥哥杰克二战前参军，那之后再也没有回来。如今，外祖母已经90多岁了，有时候会把我误认作杰克，问我是不是终于“从得克萨斯州回来了”，显然杰克在那里驻扎过）。

外祖母的成名梦、发财梦破碎之后，母亲成了她失意的发泄对象。更糟糕的是，母亲跟外婆有同样的追求：母亲在森林山中学毕业的时候，被评为校花；她的年刊[①]照片，黑眼睛，甜甜的笑容，将她恶劣的家庭环境隐藏了起来。“若我无法从家里逃出来，我就待在自己的房间里，”母亲说，“我对外面的世界一无所知。”

她唯一的避难所就是好朋友苏齐·格兰茨的家。“他们待我亲如家人。”她说。父母亲的第一次见面就是在那里，那时他刚刚从加利福尼亚回来。

她有可能成为父亲人生规划的一部分。

去医学院读书。结婚。观鸟呢？爱好而已。

父亲让她神魂颠倒。他大她五岁。他游历归来，住在格林尼治村。他的萨克斯风吹得棒极了（我在少年时也学会了，用的就是父亲的老乐器）。那个时候，母亲刚刚上大学。她在纽约北部的雪城大学读了一年，那是她去过的离家最远的地方，很快她就回到皇后学院完成第一年的学业，主修英语。她在科学必修课上遇到了麻烦。母亲还记得，坐在她家厨房的餐桌旁，父亲用一盘水果讲解太阳系的结构——在观鸟之前父亲曾痴迷天文学——“我永远也忘不了，”母亲说，“他用苹果和橘子给我演示宇宙。我被迷住了。他太有才华了。”

父亲带着他的小恋人去了她从来没有听说过的地方：曼哈顿的爵士吧、博物馆、读诗会。“有时候我们在牙买加湾约会，”母亲回忆道，“这个地方那么漂亮，离我家又那么近，让我又惊又喜。”

---

① 在北美，年刊内容通常包括学校或大学高年级班级照片及前一年学校活动的细节。——译者注

不过有些事情让母亲很纳闷："他观鸟最让我吃惊的是清单，我从来没有弄明白过，他好像对鸟儿的美视若无睹。"但她喜欢他的聪明。她说："我觉得，他什么都懂。"

约会18个月后，理查德和罗莎琳德结婚了。真是够快的，他们从她父母那里感受到了巨大的压力。"我的妹妹已经跟一名医生结婚了，父亲希望我也能找一个医生。"母亲回忆说。父亲感觉他的父母也在促成这件事，在他们看来，这样可以锚定波动的生活。1960年6月23日，他们在格瑞特内克的李奥纳多酒店——那里是我少年时期一个奇特的聚会场所，我大多数朋友行犹太男孩受戒礼的地方——发誓永结同心。婚礼场面壮观，菜肴丰盛，母亲穿了一身漂亮的礼服，她的父亲默里不停地夸耀自己成功地将两个女儿嫁给了医生，颇有些自得。结婚照里，母亲喜气洋洋，父亲轻松自如。有时候，我看着那些照片，想知道父母亲是否真心相爱过。对母亲来说，我推测这事相当简单：她看上去幸福快乐，但她又说："我觉得这事大错特错了——可我不能这么说出来，我不知道要如何表达。"对父亲来说则要复杂得多，正如他喜欢的爵士乐一样，曲调复杂，夹杂有不谐音。"我认识的人都结婚了，"父亲说，"而我也知道，如果不做我该做的事，我就是个彻底的失败者——有人把一切都搞砸了。"那是快乐的一天，父亲回忆道："但我真还不能说我们快乐。"

几乎在45年之后，也就是离婚的35年后，父亲仍然会谈起她。

是不是因为那是一场热烈而悲壮、刻骨铭心的爱呢？还是那场失败的婚姻让他深陷其中而不能自拔？

据母亲回忆，婚礼当晚他们在当地一家名为“热床单汽车旅馆”中度过。第二天，克佩尔夫妇就启程度蜜月，开始了横跨美国的六周公路旅行。我母亲出门最远也不过雪城，对旅行充满了憧憬，兴奋不已。他们买了一辆20世纪50年代早期的迷你希尔曼英国进口轿车，敞篷，需要用曲柄发动器发动。这是一项疯狂且古怪的汽车投资，考虑到他们即将进行的旅行，就更是如此了。但这种选择颇能反映我父亲的性情，对当时的母亲来说，这不过是他放荡不羁、见多识广的另一种表现罢了。他们带了一顶帐篷，一台绿色的科勒曼炉，朝西奔去。

旅行开始的时候，父亲的观鸟清单数是357种。

既然终于做了自己认为正确的事情，父亲决定要增加观鸟清单的数字：加新。他要继续将它当作一个爱好。

这对夫妇开车经过宾夕法尼亚州荷兰郡，在芝加哥停了一下，穿过威斯康星州，一直朝落基山的大陆分界线开去，进入大提顿国家公园、黄石国家公园，然后到了太平洋西北地区，穿过红土地，到达旧金山。他们从那里一路南下，然后转向东，再往回穿过西南地区，游览了大峡谷、犹他拱门、新墨西哥州印第安人的废墟遗址，最后穿越得克萨斯州和阿肯色州，这才北上，沿着蓝岭公路开回了家。

怎样来评价这个蜜月呢？看你问谁。

“蜜月愉快得很。”父亲说，“我们看了很多地方，我喜欢让你妈妈看新东西，山脉、加利福尼亚海岸、国家公园。”那鸟呢？“我知道，一旦我们跨过密西西比河，一路上就会都是新鸟种了，因此一旦我看到一种，我们就停下来。她并不介意，坐在车里等着。”

“真是不可思议。”母亲回忆道，“你父亲带我去看那些我从来不知道的东西，着实令我感到惊奇。但是观鸟嘛，我得在车里等他，有时候得等上好几个小时。如果我跟着他一起去，他就让我在后面跟着，还不让我说话。”母亲说：“那些等待，有时候真是可怕。我孤身一人待在林子里，就像一个受了惊吓的孩子，或者一个人在车上等着，魂都吓丢了。我不喜欢那个样子，随即我又为自己冒出了这个想法而感到内疚。”母亲停了停，吸了口气。“这就是我们的蜜月，”她说，“我 19 岁。”

一路上，母亲还了解了别的东西：父亲那被压抑的志向。“他告诉我，他从来就不想当医生，但他必须按照父母的意愿去做。他是独子，他对罗丝和莫里斯敬畏有加。他做了自己不得不做的事，但即使是那个时候，我也能看得出他那仍在不断生长的怨恨。”

她不知道怎么帮他。她连自己也没办法帮。

不久，她怀孕了。在蜜月里，父亲的观鸟清单加新 63 种——这是他自少年以来最大的一笔加新记录。他的总清单数达到了 420 种。

有时候，你还得将一种鸟从你的清单上删除。1961 年 1 月，父亲在长岛艾斯利普看到一只小白额雁。这种鸟不寻常——它们在亚洲常见，但在整个 20 世纪，在美国仅有三次记录。“彼得森手册”的雁鸭一页甚至都没有收录它，而是将其放在“来自欧亚大陆的偶见鸟”专页，那一组鸟共有十余种。

能不能将一只“意外”的鸟记入清单？

这取决于是什么意外。田�在北半球的大部分地区可见——格陵兰岛、西伯利亚、斯堪的纳维亚；尽管并不常见，但在迁徙季节它有可能被强劲的北风刮向北美。还有一些意外可能是随船到达。彼得森告诫大家，不要将以下种类纳入清单记录中：“有些欧洲水禽的目击记录值得怀疑，可能是大型鸟舍或动物园的逃逸鸟。”

这种说法有道理：从动物园中逃跑的鸟不是本地鸟。美国观鸟协会的官方条例有一整段对此概念的描述：“目击到的鸟必须是活的、野外的、不受控制的。”因此，在没有人为干预的情况下到达的鸟类可以计数。比如跟着一艘海轮抵达，被认为是鸟的自主行为，它仍然是野生的，尽管它受到了诱惑。但不能记录鸟蛋、路上被撞死的鸟或者笼养鸟。在一种情况下逃逸鸟可以成为法定记录：当一个足够大的繁殖群体建立起来，比如和尚鹦鹉，一个南美的种类，最开始在宠物店里售卖，如今已经遍布从佛罗里达州到芝加哥甚至缅因州的广阔地域——美国观鸟协会认为可将之纳入清单，目击者可以在自己的目录上标记为看到过。

因此，一开始父亲将这只雁记了下来，但是过了几年，他确认看到的是逃逸鸟后，又将之从清单中剔除了。直到1981年，他在中国又见到了这种鸟，才重新将之加入清单。

“我一直盼着看到它，”他说，“因为我讨厌头一次看到它的时候将记录删除。”

白额雁——从他的清单上被删除的这种鸟——是父亲1961年见到的最让他激动的鸟种。那是他在医学院的最后一年，几乎连最方便到达的牙买加湾或布朗克斯公园他都没有时

间去。到了夏天，母亲怀孕了，尽管她还在读书。父亲将听诊器带回家，在炎热的夏日夜晚，他们一起听我——他们即将出生的孩子的心跳。他俩都记得那个充满了幸福和欢乐的夏天，父亲也还记得那些不断增长的焦虑。他的人生清单里已经有了妻子、职业的标记，不久之后还有父亲这一角色。但在所有这一切中，他找不到生命的意义。

“我不知道我在干什么，”他说，“我不知道我想要什么。”

家里似乎什么东西都有了，但摆放得乱七八糟。公寓太小了。父亲和母亲开始争吵。父亲那些放荡不羁的朋友们仍然一如既往，那是他在曼哈顿中城区游荡时候的伙伴们。父亲发现他们很有吸引力，他在一个父亲、一位年轻见习医生以及格林尼治村（仅一区之隔）的生活方式之间挣扎。一天晚上，父亲喝多了，但仍然坚持要开车，一个朋友拿走了他的钥匙，母亲自己回了家，父亲只好在街上游荡，怒不可遏。直到第二天凌晨四点，他才回到家，筋疲力尽，满腔愤怒，反复不停地追问，为什么他的妻子抛弃了他。

11 月，父母亲进行了另外一次国内环游。父亲再一次来到了成就梦想的入口。他准备在加利福尼亚州完成见习医生的实习，在沿西海岸旅行的同时，沿途探访实习的医院。他们选择最后到达圣地亚哥作为落脚点。那是一个迷人的地方。他们在靠近海岸的地方住了下来，那里有海鸟，还有巴尔博亚公园和莎士比亚戏剧节。母亲正是在那里培养了对戏剧的兴趣，多年以后这一爱好将她带到了遥远的地方。

12 月 1 日，他们回到了家。母亲已经妊娠七个月。他们跟罗丝和莫里斯一起过光明节。从母亲的描述来看，那个月是他们婚姻维系期间相对称得上正常的几个时期之一。他们对未来平静如意的日常生活充满期待。他们一起参加家族的聚餐，一起看电影，一起交谈。我的祖父更是心满意足。“他们对你父亲抱有巨大的期望，”母亲回忆道，“这期望终于要实现了。”

那年的圣诞节阴冷干燥。接下来的一周里却大雪纷飞，到12月31日，大雪落落停停一整天，降雪量巨大。夜幕降临，父亲和母亲驾车去曼哈顿参加聚会，穿过三区大桥，然后朝南边的史泰登岛轮渡开去。父亲记不清楚了，但以我曾经跟他十几次坐船的经历来看，他从来都是这么行事的。他登上甲板去看鸟的可能性极大。（现在有些纽约人会怀疑开车往返渡轮的说法，但在当时的确是允许的。从布鲁克林至史泰登岛的韦拉札诺大桥落成后，渡轮运送的汽车减少了很多，到1997年就不再允许汽车上船了。）

到达目的地后，聚会已经到了高潮，大家都在跳舞。一年前，歌手恰比·切克一曲《让我们扭起来》风靡一时，登上美国唱片排行榜，掀起了美国历史上最大的舞蹈狂热。1960年1月8日，《让我们扭起来》登上了榜首，并连续近五个月占据Top 40榜单。接下来的一曲《让我们再次扭起来》，1961年在榜单上停留了近半年的时间；接着恰比·切克又发布了《扭摆吧，美国》，至年末，再次发布《让我们扭起来》。原曲的再次来袭，跟第一次一样影响巨大，11月13日再次进入公告牌单曲榜Top 100。新年前夜，虽说还没上到排名第一，但排名仍然在上升，直到1月13日，它降为第二，屈居图肯斯的《狮子今夜入眠》之后。

我的母亲离预产期不到一个月了，想把这一晚扭过去，结

果子夜前一小时破了羊水。

人们一听说我是1月1日的生日，就会问我是不是1962年在纽约城出生的第一个孩子。绝无可能——那天晚上，有一位妇女正好在卫理公会做工，她已经生育了四个孩子。“她要快得多。”母亲笑了起来。我直到1962年1月1日午后才出生。我是早产儿，小不点儿，大概刚刚接近2.25千克，但是很健康，不需要做别的检查。

“真是太美了，”母亲说，“虽然我被吓坏了。”

父亲呢？做爸爸的感觉如何？

跟平常一样，一个很迅速的回答——“我喜欢”——然后话题又回到了鸟。医学院毕业后，父亲再次公路旅行到了佛罗里达州。

“我看到了30个新种。”

父亲谈起他的清单，只有在话题会引起听者重视的那个时候，我才感觉到他内心涌动的激情。父亲对一种鸟特别感兴趣，这种鸟早就从官方观鸟名录中被剔除了。1962年，为了建卡纳维拉尔角航天中心，佛罗里达州梅里特岛的沼泽地被排干了，海滨沙鹀消失了。沙鹀的另一片栖息地得以幸存下来，但时间非常短暂，最终毁于华特迪士尼世界的建设过程中。到1980年，只剩下最后七只沙鹀。人们尝试了一种圈养繁殖计划，但留下的鸟太少了。最后一只海滨沙鹀于1987年死亡。

沙鹀是父亲那天见到的六个新种之一，他的总清单数达到了439种。母亲——陪着一旁熟睡的我——在车里枯等。

洛玛角大道的那幢小房子还在，被包围在庞大的开发项目当中，南加利福尼亚州沿海地带赏心悦目的崎岖之地（也是鸟类聚集地），变成了沥青路面和小型购物中心。但吸引父亲的暗示仍然很明显。在车流中，你能听到海浪拍打岩石的声音。附近还有一些景点——美丽如画的日落崖、卡比路国家纪念碑——在那里你能找到鸟，特别是在春秋两个迁徙季，数量多得令人心醉神迷。

圣地亚哥让父亲感到愉快、乐观还有一个原因，他在此完成了学业，这也意味着他因为进医学院而推迟的兵役即将到来，但他已经 28 岁了，他相信自己不可能再去服兵役了。“我想自己已经应付过去了。”他说。1962 年 7 月，我们来到了加利福尼亚州——我看过几张当时家里的照片，家徒四壁——但圣地亚哥的魅力并不在室内。“我们每天傍晚都去看落日，”母亲回忆道，“你，我，还有你父亲。这就是我们在那里的生活。”

当然，头顶上空也有鸟儿飞过。在加利福尼亚州逗留伊始便有好兆头，父亲观得一只丽色凤头燕鸥——这只鸟很好地展示了鸟类种群的适应能力有多强，即使是在短期内；虽然现在我们在洛杉矶地区的任何一个海滩几乎都能看到丽色凤头燕鸥，但在那个时候，它还是很罕见的。紧接着，父亲又看到了一只更加罕见的家伙——黄绿莺雀。周末，父亲会外出加新，多数时候都是独自一人。人生中第一次，他的重大挫折是他所乐于接受的：寻找即将灭绝（在野外）的加州神鹫。他没有成功，但是过程却充满了乐趣。他开车去了洛杉矶北部的塞斯峡谷，那里是此鸟在美国最后的栖息地（70 只圈养繁殖的兀鹫已经放飞到了这片区域，但是它们并没有在野外繁殖成功）。我提议，父亲哪次来洛杉矶的时候，陪他去看塞斯兀鹫，他对此嗤之以鼻。“我才不会去看呢，”他加重语气说道，“我不

能将其加入清单（因为这种鸟是人工繁殖的，对清单记录者来说不算数），所以不必了。”

尽管气氛很轻松，但父母亲之间那种周而复始的关系开始显露出来。那年秋天，夫妇俩准备再要一个孩子。这一次容易多了，在我过第一个生日的时候，母亲已经在为5月的预产期做准备了。她享受又一次怀孕的快乐，尽管她还要忙着照顾一个小婴儿和我父亲，当时他正努力完成医学实习。压力强化了他的强迫症，让我母亲不胜其烦。“他在很多方面都是一个清单记录者，”她说，“他把我要做的事情一一列出清单。有时候我恨死这东西了，但更多的时候，我只是弄不明白。”

今天回过头来看，我认为圣地亚哥是我父母婚姻关系的十字路口，因为在这里似乎很少有冲突，也难得有兴奋。父亲忙工作，母亲正怀孕。生活压力小，舒适安逸。有时候，我真希望父母亲欣然接受了这种生活，在那里安定下来，但是他们没有。他们做不到。医学实习快结束的时候，父亲开始变得焦躁不安。我猜，在内心深处，他并不想要这样的生活，他发现强迫自己也不能接受这一职业，即使他已经那么接近了。

如果留下来了，会怎么样呢？尽管是我弟弟吉姆1963年5月21日出生在加利福尼亚州，我感觉却是我，成年后的大部分时间里始终都在寻找这个问题的答案。我听父亲讲了无数的西部故事——充满了渴望和幻想。我是从大学暑期开始游历美国西部的，后来，我在1990年搬到了西海岸，再也没有离开。

吉姆出生三个星期后，母亲带着新生儿和我搭乘飞机回纽约去了。几周后，父亲把家当装上车，朝东驶去。这趟旅行，父亲收获了六个新种，几乎都收自亚利桑那州仙人掌国家公园。父亲说："我不认为留在加利福尼亚州就会幸福。"我问他为什么，他谈起旅行的前半程，同行旅伴刚从医学院毕业，拿到了美国职业棒球大联盟的正式录用通知。"他却不知道要干什么，"父亲说，"他准备骑自行车从亚利桑那州返回圣地亚哥。他觉得这趟旅行能帮他理出一个头绪来。"后来呢？"我也不清楚，"父亲说，"他留在了沙漠，从此我再也没有见过他。"

这并不是问题的答案。我想，父亲之所以讲这个故事，是因为在潜意识里，他觉得自己也被留在了沙漠里，他觉得他对父母没有尽到责任。加利福尼亚州是他脱胎换骨之地——这也许正是父亲所渴望却无法实现的。也许这次旅行的经历引发了他灵魂深处的一场革命。回到纽约，回到罗丝和莫里斯身边后，他保证履行从未直接说出口的承诺，他一定会不负父母所望，完成他们的心愿。

跟朋友告别后 48 小时，父亲中途没有停车休息或者寻找新鸟，而是一口气开回了家。加利福尼亚州成为过去，父亲已经做的决定——或者还没有做的决定——在这之后他已经无法掌控了。在我的记忆里，此前的事零星琐碎，在这之后就变得完整了。问题也从这里开始出现了。

这就好像反抗的意志，长时间的回避，最终从父亲的生活中彻底消失了。父亲开始工作，最开始是做皮肤科见习医生，不过很快他就辞职了，主要是因为他不想被固定工作所约束。在职业选择上，他始终摇摆不定，比如他选择做巡回医生就很能说明问题。他一度以自由执业者的身份在一家市政卫生机构做出诊医生；他对工业医学实践的理念不以为然，最终摒弃了；他曾服务于美国兵役局，为刚入伍的年轻人做体检——他坚信，他已经 29 岁了，有妻子和两个蹒跚学步的孩子，已经逃脱了服役的命运。那个时候，大多数应征入伍的人若不是有情怀，就是认命服输或者有责任感。大多数美国公民，对越南刚刚发生的事情，仍然不甚了了。1963 年 7 月，林登·约翰逊总统下令向东南亚增派 5000 名军事“顾问”，拉开了战争升级的序幕。当时，美军海外作战部队仅 2.1 万人。

通常认为，事态的发展导致美国最终全面介入越南是一个渐进的过程。但就在约翰逊总统派遣顾问的几天后，一件事将这场悲惨的战争推向混乱的轨道，这不仅改变了政治趋势，也改变了美国的社会结构——还有我的家庭。1964 年 8 月 4 日，“东京湾事件”后，美国国会做出了一个许多人认为是那个时代最重大的决定（也是最大的错误），即通过了《东京湾决议案》。该决议案实质上是一张空白支票，授权总统可以采取一切必要措施击退对美国武装力量的任何武力进攻。至 1968 年，超过 50 万美国军人投入了战争。美军平均每周的死亡人数超过 100 人（越南的伤亡更大）[①]。对一场根本不可行的战争的无条件支持，激起了史无前例的反对浪潮。和平运动与那个时代的其他文化变革并驾齐驱，瓦解了数十个社会组织，将幸存者推入灾难性的轨道，心碎、孤独、困扰不断地在心中潜滋暗长。这一切刚发生的时候，父亲是反对这场战争的。随着 1964 年

---

① 关于越南战争的影响，对野生动物的冲击谈得极少。虽然越南如今是候鸟的主要越冬地之一，有超过 700 种鸟类，但是至少有 90 种鸟被列为濒危级，其中许多是由于战争的持续影响，特别是美军在“牧工行动”中除草剂的使用，以及随后与开发相关的森林砍伐所造成的。值得注意的是，近来在湄公河三角洲发现了一个赤颈鹤的亚种群落，该鸟一度被定为极危物种，它的再次出现成为越南的环境有望恢复的迹象。——作者注

尾声渐近，父亲每天接诊 10~20 个年轻的士兵，与大多数美国人的感觉一样，“政府，”他说，“比我更清楚。”

接下来的一年里，父亲做过各种各样的工作。母亲受聘为代课老师（同时攻读英语硕士学位，但并未完成学业）。我们在靠近祖父母住地的邱园山租房住。我对那时唯一的记忆是在门前的厚石板路上玩跳房子的游戏。我进了托儿所，我的父母亲也许是意识到了并不能互相给予什么（而不确定的未来也不能给他们什么帮助），所以他们很少有二人世界，大部分时间都参加集体活动。“我们参加派对、会朋友，还做了很多非常疯狂的事。”母亲回忆道，“但我真的不记得，我们俩单独在一起是什么感觉，是怎样聊天的。”

1965 年初，父亲再次为入伍的事而担忧。随着战争的升级，需要越来越多的医生。“情况变得越来越明显，我并没有躲开兵役。我认识的 35 岁以下的医生几乎都被征召入伍。”轮到父亲，只是时间的问题。父亲在等待的煎熬中，焦虑渐渐消失，内心变得麻木。开诊所的计划放弃了，刚刚开始的看房买房行程也终止了。

他也不观鸟了。

1965 年，父亲的观鸟清单全年都没有增加新鸟种，在父亲的观鸟生涯中，这是第二次。（第一次是因为还没有做出选择，大学毕业后他在努力寻找人生的方向；这一次是因为没有可能选择，一切都陷入了可怕的必然之中。）

1966 年 2 月，那被压抑的无法实现的渴望爆发了。压力不断累积，父亲和母亲大吵了一场。母亲离开派对独自回家，父亲则怒气冲冲地在街上游荡。当他终于回到家，一场更激烈的争吵爆发了。我不知道究竟发生了什么，什么引起了这场争吵，也不记得弟弟和我在他们的尖叫声中做了什么。在我后来的回忆中，他们的冲突充满了可怕的细节。但从此以后，作为他们吵架的附带模式，母亲开始将她的沮丧发泄到吉姆和我身上。回想起来，那是她第一次这样对待自己的孩子，就像她的母亲对待她一样。如今，当她被问及时，她说："我对你们大发雷霆，可怜的孩子，那太可怕了。"后来我开始做噩梦，至今，那场景偶尔还会在梦里重现：我在某处等着父亲——或者某个替代父亲的英雄——来救我，但是那个人从来没有出现过。

不久，美国兵役局的信就到了。据母亲回忆，信的抬头"祝贺"是一个印刷错误，而接下来的文字也并不有趣。父亲是有选择机会的。标准的兵役期是一年本土一年越南。作为医生，他还有一个选择：再加一年的话，整个服役期间极有可能全待在欧洲，可以带家眷。然而，没有什么是可以保证的，去越南的可能性仍然在。父亲问母亲的意见。

"如果我选择越南，"他想知道，"你会等我吗？"

母亲回答说她保证不了。

母亲关于此事的回忆表明，她当时非常困惑。我们聊天时，她有时会说，她知道这场婚姻长久不了。她回忆说，当时有一种希望，觉得待在海外可能会有所帮助，父亲也是这么回忆的。"一想到去欧洲就令人兴奋，"母亲说，"那就像一场令人难以置信的冒险。"

现在，父亲只记得"对欧洲的期待让人兴奋，当然还有观鸟"。我不知道当时他是否明白，他们的婚姻将以某种方式冲到终点；我不知道当时他是否相信，旅居海外会给我们提供一个真正的历险机会——人性的历险。但我清楚地知道，父亲不想回到那个时候去了，因为无论他当时的希望如何消长变化，都已经一去不复返了。

欧洲会有很多的鸟。但父亲得先去得克萨斯，在那里进行12 周的职前培训。也许是因为对未来的憧憬，这期间父母亲相处融洽。他们在圣地亚哥闹市发现的一家法式餐厅，成为他们的最爱。父亲继续在周末独自外出观鸟。1966 年 3 月 13 日，在圣安娜野生动物保护区，他看到了他的第 500 种鸟——褐纹头雀。这只鸟很普通，他没有庆祝。旅居得克萨斯的后期，父亲租了一辆车，开着去了格兰德河，将 13 个新种收入囊中。这是他少年时代以来，收获最大的一天。

那时，我满四岁了，年龄足够大了，知道怎样游泳了；能够骑车了；可以开始学习认鸟了，而且我知道这样做会让父亲开心也让我感到自豪；我能记住剪尾王霸鹟了，直到今天仍然念念不忘，觉得它是最美的鸟，我的最爱。

父母亲计划 1966 年 6 月 3 日前往欧洲。职前培训结束后，父亲并没有对越南和军队产生什么感情。但父母亲都感觉到了时代的变化。部分原因是父亲觉得即将履行的职责体现不出他的价值：父亲多少接受了一些餐厅检查员的训练，这的确是一项重要工作，但算不上什么医学实践。而且，社会动荡的一些苗头也已经开始显露。母亲对新生的妇女运动有些好奇，特别是它主张的性自由。父亲还记得他那反主流文化的根源——他在进入医学院之后所抛弃的波希米亚文化——回归的那一刻。

他从格兰德河观鸟回来的路上，将收音机波段调来调去，试图搜索除了农业报道和西班牙北方音乐之外的内容，强力电波发出震耳欲聋的声音。他停了一会儿，收音机里蹦出一首奇怪、非传统的歌，扭曲盘旋的歌词在单调的弹拨吉他和贝斯口琴伴奏下倾泻而来。“我无法描述自己当时的想法，”父亲说，“它是如此与众不同，甚至有些肆无忌惮。”鲍勃·迪伦唱道：“每一个人都会醉生梦死。”对一个几乎从不曾改变的格林尼治村爵士乐迷来说，这首歌曲足以重新唤起他的好奇心。

1966 年 6 月 3 日，我们启程去欧洲。父亲的观鸟总清单为 505 种。

第5章 新大陆

有种情况很罕见，你明明把一只鸟看得清清楚楚，可就是不认识它。1968年5月，我还真碰到了这种事。我乘船游览希腊海岛，其中包括克里特岛。那天下午，我看到一只小鸟，雀形目，可能是莺科，显然是一只我不熟悉的家伙。它大概13厘米长，身体小，尾巴长。在“欧洲彼得森”里找不到与它相像的鸟。我做了详细的笔记，特别标明待辨认，至少是暂时待辨认。我脑子里一直在想，它可能是一只亚洲或非洲的鸟，不知道什么原因迷失在分布范围之外。1982年，我第一次尝试带观鸟团，目的地肯尼亚，我注意到了优雅山鹪莺。这种鸟在土耳其南部、黎巴嫩、以色列、埃及等地栖居和繁殖。它就是我在克里特岛上见过的那种鸟！克里特岛虽没有此种鸟的记录，可既然它的栖息地就在离克里特岛不远的东北面、东面、南面区域，那么在岛上碰到它就不那么奇怪了。于是，近15年之后，我终于把它加入了我的观鸟清单。

——优雅山鹪莺（*Prinia gracilis*）

1968年6月，地中海克里特岛，#708

（按初次观得的时间算）

几年前的一个下午，我去长岛看望父亲，借了他的车往西开，擦纽约城而过，穿越新泽西，朝宾夕法尼亚奔去。任何人听了我此行的目的，都一定会认为我疯了。我是去费城寻找一艘远洋客轮。宾夕法尼亚州不靠海，早年的样子已经难以想象，但其实那里曾有过一个重要的港口。特拉华河沿宾夕法尼亚州边界蜿蜒流淌，在大西洋城附近，有相当长的一段路程，沿岸的干船坞一直都是近海主体建筑。

但现在，我要寻找的，不是在建的，而是废弃的。

我记忆中的“S.S. 合众国号”，当然是与父亲有关，因此也就跟鸟相关。这艘船可能是当时有史以来最大的悬挂美国国旗的客轮，至今仍保持着横跨大西洋最快的纪录。1952 年 7 月的处女航，从弗吉尼亚州的诺福克去往英格兰的毕晓普岩，费时 3 天 10 小时 40 分钟，平均速度每小时 65 千米。它曾是北美建造的最大的海轮，一直运营到 1969 年。1966 年，父亲被派驻德国，6 月 3 日，我们乘船离开纽约港前往那里。在这趟航程的乘客名单中，除了父亲、母亲、我和吉姆，还有温莎公爵。通常情况下，被征召入伍者及其家属不能搭乘豪华客轮去驻防地，但母亲害怕坐飞机。父亲选择客轮，除了迁就母亲，还有另外一个原因：“我知道沿途会有鸟，我可能永远也没有机会看见的鸟。”

借车去费城那天，我问父亲，他是怎样说服军方同意了一位毫无影响力的年轻军官的特别请求。“不难啊，”他说，“每个人都跟我说没有可能，但是我搞清楚了谁负责受理申请，于是我写了封信寄到华盛顿去。”

我对父亲专注于目标的韧劲早就习以为常，但是为了满足母亲的要求，他竟然愿意直面高层，我对此感到惊叹不已。抵达干船坞的时候，我一直在想这件事情。虽然在“S.S. 合众国号”上的很多细节我都记得，但是关于母亲的记忆，却主要来自旅途中拍摄的一张黑白照片。我们一家四口站在甲板上，都穿着救生衣。一个四岁的小孩，齐父亲的腰高，父亲牵着他的左手，母亲牵着他的右手。他跟父亲朝向同一个方向——往外，朝上，看着大海。他俩都戴着角质镜架眼镜。小孩穿一身崭新的专门为旅行准备的海军服，黑眼睛，小鼻子，就像母亲的复制品。母亲在朝另一个方向看，也许是朝着家的方向。她的另一只手里抱着一个小一些的男孩，淡淡的金色头发，他也朝着哥哥和父亲望去的方向看。

五天的航程里，父亲和我花了大量的时间瞭望同一个方向。父亲用双筒望远镜扫视天空。我也努力在找鸟，但更多的时候，我在看父亲。

我想帮忙：“一只海鸥！一只海鸥！”

“一只银鸥。”父亲纠正说，提醒我要用准确的鸟名。时至今日，每当听到别人用大的类别来指称滨鸟时，我总是有些沾沾自喜。但在当时，我只是想认对鸟。“一只银鸥。”我一遍又一遍地大声重复道。

费城的停车场尽头有一座低矮的仓库，几棵虬曲的树从皴裂的沥青路面上长出来。在建筑物的后方，隐约露出两条褪色的猩红宽条痕，那是船上的旧烟囱，那座建筑竟然能将一艘海轮隐藏起来，让人好生奇怪。

我得绕过仓库，才能看全这艘海轮。

我一时愣在那里，整个游轮旅程一下子涌现到眼前。我记

起来，外婆贝蒂在我们离开纽约港的时候来送行，嘱咐我千万别掉到海里，而这也正是母亲担心的，她每天都会无数次地检查我的救生衣系牢了没有。我还记得船上的沙弧球场，尤其记忆深刻的是每天早晨不知道怎么出现在我们船舱里的那一盘神奇的新鲜水果。

船塔高高耸立，有十层楼那么高。主甲板下面的白漆剥落了，舷窗锈迹斑斑，有些已经破损。水位线以下的黑漆也开裂斑驳，船的名称倒完整无缺，没有一个字母剥蚀。“S.S.合众国号”几个字环绕在船头。在它下方，写着它先前的母港“纽约”几个字。船头的栏杆部分损坏了。那个缺损处就是大约40年前我和父亲站立的地方。当父亲凝视着汹涌澎湃的大海，我对他充满了敬佩。有时候，他会撇下我走开，得此信任我颇有些得意，哪怕只有一秒钟。母亲则会冲过来，一把抓住我的手，拉着我离开船边。我时而回忆起父亲的冒险冲动，时而回忆起母亲的焦虑不安，特别是我松开手上的气球看它飘过船头，我为在远离海岸的地方这么做而惶惑不安。

我绕着甲板漫步，用脚步丈量船的长度，然后回到船头。时值正午，烈日当空，阳光炫得我几乎睁不开眼。我喜欢这种感觉。这让我更容易想象，一个小男孩仍然站在那里，和他的父亲一起凝视着未来。

在“S.S.合众国号”甲板上拍的照片里，我们看上去都很愉快、兴奋。如今，母亲说，她是强作欢颜，其实，她当时困惑、焦虑，根本无法快乐起来。尽管如此，我还是喜欢这张照片。每当我想象家的模样的时候，脑子里浮现的，就是这个样子。我还记得从曼哈顿西区码头离开的情形，船往南开去，经过自由女神像，然后沿长岛南岸向东走，经过了父亲最喜欢的观鸟点——洛克威、牙买加湾、琼斯海滩。整个旅程需要五天时间，我们先在英格兰的南安普敦靠岸，然后船开往不来梅。不来梅是德国北海的港口，始建于 1827 年，特地为了当时刚刚出现的海上远洋贸易而建造，之后一直保持着世界领先的海港地位。如果你开的是德国车，它一定是从这个港口运出来的。

父亲对旅途中能观到多少鸟，没有抱很高的期望。在开阔的海面上，可看的鸟种并不多，但看到的几种却很重要，因为要看到它们不是一件容易的事。父亲的第一只海上“来福儿”是大西洋鹱，是他心仪已久的远洋鸟。这种鸟几乎一生都生活在海上，从水面掠食，那也是它名称的由来（后来，在我十几岁的时候，父亲在长岛认出了一种极为重要的鹱，我就在场。这是我少年时代第一次展示出真正的观鸟技巧）。

几天后，父亲在他的总清单里加新三种：白腰叉尾海燕、北贼鸥、暴雪鹱。父亲总是挂着双筒望远镜在船上闲逛，母亲的大部分时间则在照看我们。父亲一旦放松下来，到泳池边陪我们时，又总是带着他新买的彼得森《不列颠和欧洲鸟类野外手册》，埋头研读。据父亲回忆，到了晚上，我们跟大多数旅客一样：“吃，吃，吃。食品应有尽有。”（船上还有表演，我记得有一架钢琴总是在弹奏中；后来我才知道，那是一台特别的乐器，是世界上唯一一架防火的三角钢琴。其实，整艘“S.S. 合众国号”都表现出了对防火的痴迷，到它运营生涯结束准备封存的时候，得专程开去欧洲找专家才能将其石棉结构安全拆除）。在南安普敦码头，父亲收获了五种不列颠鸟——

欧鸬鹚、秃鼻乌鸦、小嘴乌鸦、烟囱雨燕、翘鼻麻鸭，父亲的总清单数增加到了 515 种。

在当时，这个数字已经相当了不起，足以表明父亲投入的程度，虽然还算不上耽溺。拥有更高数字的观鸟者，观鸟总清单之所以达到大数目，多数是因为他们的职业就是观鸟，而非痴迷的爱好。这个小小的几乎难以觉察的开端，将发展为消耗一生的环球计数游戏。那时，父亲观鸟的地域在扩展，但还没有把目光投向全球。“我在做自己一直在做的事，”他说，“我走到哪儿，就观鸟观到哪儿。我还真没有想过要走得更远。”

船从英格兰出发，航行了一整夜时间，破晓时分来到了德国海岸。母亲还记得，靠近不来梅港时，灯光越来越亮，面对即将踏入的新世界，她感到越来越兴奋。对父母亲来说，欧洲似乎颇具异国情调。母亲对第二次世界大战之后的德国人的情感颇有些矛盾，但总体上来说，他们是将 20 世纪 60 年代“冷战”时期的欧洲大陆看作一个巨变之地，美国的盟友。父亲换上军装，我们带着行李登上了甲板（我们的大多数物品，包括一辆有尾翼的黑色克莱斯勒汽车，出发前通过海运发走了）。东方欲晓，正是观鸟的好时机。父亲用望远镜扫视滩涂，很快，他就增加了乌鸫、苍头燕雀、松鸦、欧斑鸠四个新种。这些都是欧洲的普通鸟种，但很重要，因为这是他来到欧洲大陆最先看到的种类。而我的主要记忆，是听到周围的人在说德语，觉得有些奇怪。祖父在家里从来都是讲英语，不讲意第绪语，所以这是我第一次明确意识到其他语言的存在。

我们坐了九个小时的火车到了曼海姆，我们的第一个驻地是海德尔堡附近的一个小镇。在站台上等车来接的时候，父亲在他的新“彼得森手册”上做记号，仔细注明日期和地点。那本书不久以后就会写满记录，每一个标记，都意味着父亲朝着那既定的、唯一的远大目标靠近了一步。

父亲在美国有往来频繁的观鸟社团，在德国是没有的。德国这个国家崇尚秩序，有发展观鸟文化的潜力，但实际上，它与其他非英语国家一样，对鸟类爱好的痴迷确实要低一个层级。为什么美国人和英国人对数鸟的兴趣似乎更大一些呢？没有人知道真正的原因。据我猜测，这项活动在很大程度上，是在科学旗号下，尤其是在国家主导的科学旗号下的一个衍生品。早期的鸟类学活动，是伴随着这两个国家侵略性的领土或殖民扩张展开的，在每一个新领土或殖民前哨都有大量新的鸟类被发现和研究。就不列颠来说，帝国的全球扩张让科学首次发现了热带地区让人吃惊的生物多样性；美国的西进扩张同样也包括了科学上的发现，但“命定扩张论”似的征服也注定了许多鸟类种群灭亡的命运。有几个非英语国家积累了大量的全球标本，但达尔文和他那不太出名的搭档阿尔弗雷德·拉塞尔·华莱士的环球旅行，还有他们从旅行中得出的推断，都是不列颠帝国征服全球的副产品。从某种意义而言，进化理论便是从这些被征服地区的物种清单中诞生的。

观鸟文化在不列颠发展较早，虽然他们的顶级记录者撑起了清单记录这片天，却从来没有跟美国的这项运动融为一体。与美国相比，不列颠的观鸟活动显得更加古怪离奇，与这个国家的其他嗜好一样，比如猜火车、栽种外来玫瑰，是一种收藏癖，而非科学。美国同行自称“观鸟者”或“鸟人”，两者的区别不甚明显，类似于爱好者与痴迷者。在不列颠，铁杆鸟人被称为“抽风客”[1]，多少带有一些轻蔑嘲讽的味道。这个词特指这样的人：当有新的鸟种出现时，这些人会抽搐。《牛津英语词典》收录了一个实例，它来自 1982 年伦敦《泰晤士报》里的故事：“抽风客只对目击罕见种感兴趣。鸟类学家则是严肃的研究者，他们既看不起也不信任抽风客。”

与美国同行不一样的是，英国的鸟人没那么依赖野外手册，而是高度依赖网络形式的东西，包括收费地图、手册和其他工具，以人与人为基础寻找特定鸟种。这种观鸟情报被称为“线报（Gen）”，该词源自第二次世界大战期间皇家空军飞行员收到的书面的轰炸信息［关于这个词的起源有不同的意见，有人认为它可能源自“general information（基本信息）”，也可能是“intelligence”这个词的缩写］。20 世纪 50 年代，欧陆观鸟者在罗列观鸟清单的时候，这类的信息很缺乏，只有几个国家出版了单一的手册。究其原因，与其说是欧洲国家之间的国家地理边界，不如说是语言和文化的边界导致的。第二次世界大战结束后的那些年里，在欧洲大陆上游走变得容易起来；道路条件好了，火车也舒适得多了，民族冲突集中在冷战国的边界，而非西欧的国家。罗杰·托里·彼得森的《欧洲鸟类野外手册》于 1954 年出版，其目的跟他早年出版的美国版无异[2]——让观

① 抽风客：英文为“twitcher”，有多种译法，如鸟疯子、稀罕控、鸟烧友等，源自英语的动词“twitch”。《汉英大词典》释意：（肌肉等）抽搐，抽动。《英汉辞海》解释为“抽搐者”。具体到观鸟，可解释为：花大量的时间、不惮路途遥远、寻找稀有罕见鸟类，并以此为终极目标的人。英国著名的自然类电视节目主持人、鸟类学家比尔·奥迪曾说：“分辨真假抽风客需要从他的投入程度来判断……如果他听到某种鸟的消息，而这种鸟是他没见过的，他因为憧憬（可能见到）和不安（可能错过）而备受折磨，这种亢奋状态会让他浑身发抖、抽搐。”——译者注

② 手册同时带有政治目的，至少是暗含了这层意思：推动把欧洲看作单一的整体，而非一个地理概念的大陆上争吵不休的国家的联合体。世界野生动物基金的创始人朱利安·赫胥黎在彼得森的第一本国际手册的序言里写道：“研究单一国家的自然史是不够的。”赫胥黎家族对乌托邦充满了向往，虽然他的兄弟奥尔德斯在其 1932 年出版的《美丽新世界》中看到的那幅光景是那么黑暗。——作者注

鸟走近大众。

1966 年，我们抵达德国的时候，父亲一心扑在他的“彼得森手册”上，圈出两个大陆上都有且已经看过的鸟。“彼得森手册”里的 452 种鸟，父亲有 299 种没见过。

他有三年的时间来追逐。

若你忽然间在帕特里克·亨利村醒来，四处游逛，为自己身处何处犯嘀咕，为请什么样的鸟导踌躇不定的时候，几乎可以肯定你会找出一本北美鸟点手册来翻。这镇子就在海德堡边上，是一座古老的大学城，有城堡，鹅卵石铺就的街道，无疑这是我住过的最典型的城郊。我们住在葛底斯堡街 10 号，街名来自美国历史地名。附近有一家电影院，周六日场票价 25 美分。我进了美军基地的小学，每天早晨要唱《星条旗永不落》，一天两次宣誓效忠。说句不爱国的话，我觉得整个仪式相当可笑：我们知道自己是美国人，它给人的感觉像是对小学生的强制军训（还有一个细节，我因为留有披头士长发，而不停受到警告，还带过几次让我剪发的便条回家），没啥意义。

我们家有点与众不同。我们不适应部队的常规管理。父亲谋得一套闲置的公寓，那个时候住海德堡的官员有特殊待遇。我们的营房楼顶是一串波西希亚风格的房间（曾用作女仆宿舍），对我和吉姆来说，那是我们的卧室，也是我们的游戏间。一间放玩具，一间给我们的宠物仓鼠，还有一间父亲用来吹萨克斯风，其他的就任它空着。

我们家表现得最与众不同的，是父亲追逐他那 299 种鸟的方式。其他军属很少走出军营。我有一个朋友，在基地待过，一个军营熊孩子，说她父母亲“真是目光短浅，他们以为营地

里啥都不缺”。我们则频繁外出旅行。父亲在德国的最初两次出行，一次是去了黑森林。他在那里发现了一家狩猎商店，买了一副 8×50 的蔡司双筒望远镜，那可是这个世界上最好、最受追捧的望远镜，花了 175 美元。另一次是去了沃尔夫斯堡，在那里他又弄了一辆 1968 大众威斯特伐利亚露营车，花了约 2700 美元，大概是 20 世纪 60 年代中期大众甲壳虫在美国售价的七成多，我们带来的那台克莱斯勒仍然留着。在路上，他收获了 7 个新种，典型的欧洲鸟种，并不稀罕。露营车将带我们畅游欧洲大陆。一星期之后，我们第一次驾车野外旅行，在荷兰待了一周，父亲又收获了 7 个新种。一个月内，父亲在欧洲大陆共收获了 76 个新种。

那是惊喜不断的时光，并不仅仅有观鸟。父母亲似乎相处融洽，甚至还颇享受他们的搜奇探胜之旅：住卢森堡的四星级酒店，探访阿姆斯特丹的凡·高博物馆，去巴黎度周末（我和吉姆则留在家里，由保姆看护；我们俩都忘不了保姆弗劳·英格堡的极度邪恶，她没有任何爱心，常常用肥皂水当漱口水来管教我们）。父母亲的婚姻生活第一次有了一种模式，貌似成了惯例：工作日待在帕德里克·亨利村，周末出游（有时候出游时间还会延长，这得益于父亲创意性的工作时间安排。当他的总清单积累到上千之后，他更是将之发挥到极致。表面上看他有一份全职工作，实际上却能一次在外面游荡几个星期）。父亲在部队的上班时间是朝九晚五，作为公共卫生官，他的职责是检查食堂和防空洞。周末，父母亲以海德堡为圆心出游，游历的区域不断扩大，有时候他们会带上我和吉姆，有时候则把我们交给保姆。很快，父亲便对当地的鸟况相当熟悉了，追逐罕见鸟种的机会成熟了。在阿尔卑斯山的一次旅行中，他观得了红翅旋壁雀，并称之为“我的第一只令人惊艳的欧洲鸟”。

红翅旋壁雀因为习性特别，成了观鸟者的荣誉勋章。它独特的外形是适应环境的杰作，它看上去非常有趣，却很难被发现。红翅旋壁雀是攀岩能手，就为攀缘高海拔峭壁而生，它还进化出了长而尖利的喙，能从岩石裂缝中啄食昆虫。在人类难以接近之地而发展出来的奇特的生存适应能力，使它成了极为罕见的鸟。不列颠有一本野外手册称它是“世界上最激动人心的鸟……无论何时相见，都堪称‘喜庆’鸟”。7000俱乐部成员里面，还有几位没有见过它，而那些见过的，除了父亲，都是在亚洲看到的，在那里相对易见。

父亲跟我谈起红翅旋壁雀的时候，陷入了对往事的回忆中。“真特别啊！”他说。那一刻被理想化了。在不时显现出不祥之兆的海域里，早年的那些旅行是他的小小快乐之岛。

出游是我们一家生活里唯一的期盼。作为医生，父亲认为自己是大材小用，他基本上“无事可做”，尤其愤恨他为之做出了巨大牺牲的医疗技能似乎毫无价值。在家人面前，他强抑自己的挫败感，只有在个别事件上才会爆发：因德国邻居含沙射影的反犹言论而争吵，以至于大打出手；他也越来越沉溺于烈酒。多数情况下，父亲从计划我们的出游、逃离军旅生活中寻求解脱。当然，旅行还有另外一个目的，即纾解母亲不断加剧的焦躁不安。“我就是成不了‘官员’的妻子，”她说，“兵营无聊透了，以至于我越来越绝望，真想一走了之。”

父亲告诉我，在欧洲期间他数鸟并不是特别卖力。在一定程度上，的确如此。只有几百种鸟可以看，而时间又相当充裕。相比父亲后来的国际旅行，一个国家或地区就那么几个星期的时间，这个时候他的节奏从容舒缓很多。但他是全身心地投入到了所看见的每一只鸟、每一个地方，将每一个日期都记得一清二楚。他能说出当时午餐吃的是什么，他是怎么找到那个特别的地点的。同样，我的大多数欧洲记忆都以这些露营旅行为中心。每一次出游，都让我们觉得更像一家人。那是因为我们大家都被限制在了一部小小的房车里面，除了看蓝天，哪儿也去不了。

即便如此，旅行还是不能让母亲感到幸福，或自由。她越来越意识到问题的核心所在：她的婚姻完全出自错误的理由。跟外婆一样，她对自己的未来有远大的抱负，她渴望体验那个更大、更广阔的世界，但她被家庭主妇的身份困住了，让她不能如愿。她交了许多新朋友，大多数是德国学生和夫妇，她进入了一个以海德堡大学英语系为主体的戏剧圈子。她有一辆自行车，是父亲给她买的；父亲竭尽全力帮她找点“事情做”。骑车进城，跟朋友聚会，她觉得比跟我们出游自由得多。“我有深深的罪恶感，”她说，“我明白，在大家看来，我为人妻，还是两个孩子的母亲，但我就是不能跟你父亲相处。这不是他的错。我也知道，如果我出走，他会崩溃。”

在个人道路的选择上，外部环境和历史究竟起到了多大的作用呢？第二次世界大战的野蛮残忍，以及祖父母对此的反应，对父亲迷上观鸟有多大影响呢？那场战争在多大程度上让父亲陷入一种他不想要的宿命呢？20 世纪 50 年代刻板的环境赋予父亲以责任感，即使他依自己的天性行事，人生也将会是另一番景象。然而，随之而来的十年，那种刻板被打碎，将我母亲引上歧途，让我父亲觉得他的妥协没有获得好报。

它导致的混乱——我在这里谈的是我的家庭，而非整个世界——导致我对 20 世纪 60 年代各种运动的看法总是很复杂。毫无疑问，那个时代的理想和现实的进步——民权、女权，以及致力于和平与宽容的政治哲学等——对纠正已经失衡的美国社会来说，有迫切的需求。但是，我恨那个时代的自我陶醉和吸食毒品，还有那个时代的性放纵，给我们家带来了毁灭性影响（它与一个骨子里放浪形骸的家伙密切相关[①]，但是理论上我认为正确的东西却改变不了我眼见为实的混乱现实）。现实中，好与坏往往是一体的，但我看到的，更多的是坏的那一面，它使父亲生活的世界似乎更加不幸，超出了他的掌控范围。（从父亲这一方来看，他从来没有在意过嬉皮士运动和它推动的自我放纵，特别是发生在我母亲和她朋友身上的自我放纵。他认为自己更多是受战后出生的那一代人相对严苛的理智主义的影响。但是他明白，是时代而非我母亲的品质——成为一个独立的女性，尤其是在我母亲那一群人中，并非仅仅是一个意外的选择，而是一种期待——毁了他们的婚姻。）

无论从哪方面说，父亲都不保守。1967 年夏季，甲壳虫乐队发行《比伯军曹寂寞芳心俱乐部》专辑，父母亲为之兴奋不已。反战抗议活动的高涨，让他们震惊，也让他们兴奋。尽管我们是军人家庭，但是他们仍然加入了。对母亲来说，这些

① 指摇滚歌手约翰·列侬。——译者注

运动再正常不过了。8月，成千上万的年轻人在旧金山的海特-阿什伯利聚集，母亲则参加了海德堡中心广场的抗议示威。欧洲“花童（嬉皮士的一个流派）”反对战争，在烟雾缭绕的酒吧里唱着民歌，这些酒吧通常都嵌在老旧的防空洞内。父亲给母亲买了一把吉他，有时候她会带着我们一起去城里。至今我仍然爱回忆她轻柔地唱歌的声音；她还编过一首摇篮曲，唱的是月光下睡觉的两只小青蛙；有时候她也会唱甲壳虫乐队的歌曲，比如《生活还在继续》，出自专辑《披头士》[①]。

当然，通常都是她独自一人去。她渐行渐远，过着一种双重生活。她是漂亮可爱的美国女孩，黑色的披肩长发，穿着乡村风的套头衫，在中世纪的街道上又唱又跳，纵情声色；同时，她又是一位不幸福的陆军上尉的妻子，两个孩子的母亲。

若你将收音机调到经典摇滚电台且听的时间够长，你终究会听到《白色鸟》这首歌曲。刚开始你可能听不出是什么歌，但当你听到背景音乐里那个奇怪的、反复回旋的小提琴曲调，马上就会想起歌名来。你很容易错把那按对位法唱出来的男女和声当作杰斐逊飞机[②]，或者格蕾丝·斯立克和保罗·康特纳。其实，那首歌的演唱者是大卫和琳达·拉弗拉姆，旧金山的一对夫妻搭档。男的是相当出名的爵士小提琴手，那时沉迷于迷幻音乐；女的是一位键盘乐手，嗓音尖利，几近诡异。

1967年的整个夏季，母亲反反复复地听《白色鸟》。

① 披头士乐队的这张专辑最初取名《一幢洋娃娃屋》，后来因为封面上除了“The Beatles”外再没有其他文字，因此被称为《无题》（White Album）。——译者注

② 杰斐逊飞机，美国知名的旧金山迷幻摇滚乐队，共六人，1965年夏成立。——译者注

我们家到处都是鸟，金属雕塑的孔雀，铜制的犀鸟，鸟类照片和父亲的书。说母亲将自己看作一种财产，一件被清点的东西，这样的陈词滥调太过分了，但她记得拉弗拉姆唱的歌词，她记得并相信："白色鸟困在金鸟笼……白色鸟必须飞翔，否则它将死亡。"她还记得自己学着弹唱这首歌，一遍遍地反复唱。（还有一首她特别喜欢的歌，甲壳虫乐队的《车票》，歌词同样具有冲击力，可她就是唱不好。）

如果母亲年纪大一些会如何呢？如果父母亲再努力一点会怎样呢？如果父亲允许自己朝着内心的向往稍稍走得远一点会若何呢？如果这个世界有所不同会何如呢？几十年之后，我有时候觉得这些毫无意义的假设性问题皆源于我的强迫症，主要表现为执着地追求完美主义——或许只是希望生活在一个更加可控的世界中。当然，若其中任何一件事真的发生的话——这似乎没那么难——一切都会不同。

今天，父亲的总清单可以称得上是一项伟业，但这样的伟业对于当年于事无补，这样的伟业也让人不禁会想，父亲的生活，若不是总围绕着那单一、又耗尽精力的兴趣，若不是年复一年地为了数千只鸟而疏离了一个有血有肉的人，一个他知道终究要离开的人——在 1967 年这一页已经翻过去，美国数百万的民众开始摆脱传统，追求自己的生活的大背景下——又会是怎么样。

我和弟弟蜷缩在悬挂在大众房车前排座椅上方的睡袋里，冷凝的水珠从车顶金属板上滴落下来，将粗帆布吊床弄得湿漉漉的。一天前，我们从海德堡出发往南开，沿法国的地中海海

岸走，一直来到了罗讷河三角洲的卡马格沼泽[①]。沙岸将大海挡在了外面，我们在沙地上搭起帐篷。卡马格微咸的潟湖和沼泽让我着迷。打那之后，我开始喜欢上了野外。后来我写过一篇关于那个地方的报道，描述了那个地方的荒凉之美。当地有所谓的保护者，相当出名，不妨称之为普罗旺斯牛仔。那里还是世界上一些最凶猛的蚊虫的家。

罗讷河三角洲是法国鸟类资源最丰富的地方，有记录的鸟有 400 种，其中 150 种为迷鸟和偶见种。我们到访的时候，此地还没有成为保护区，一些地方仍然跟中世纪一样原始空旷。父母亲之前来过一次，那是父亲来欧洲后的第一个春季鸟类迁徙季，收获了大量的新种。他们沿法国、加泰罗尼亚和西班牙的海岸一路走，父亲的总清单增加了 69 个新种。

但是，这次旅行不是只有鸟，正如父母亲在欧洲一起做的任何事情一样，无论好坏。谈起在巴斯克地区[②]看尼安德特人的洞穴壁画，以及西班牙顶级斗牛士、名扬四海的科尔多瓦美食、塞维利亚斗牛，父亲至今仍然激动不已。这一次，观鸟跟其他一切和谐相处，相安无事。他们又去了直布罗陀，父亲在瓜达尔基维尔河口附近的加的斯停了下来，想收几个新种。这里是另一个著名的欧洲观鸟点，那些重度清单记录者会来此搜寻非洲的迷鸟。(这片区域常见的鸟中就有数千只火烈鸟，它们在这里取食三角洲特有的咸水虾，正是这些粉红色的甲壳纲动物决定着鸟羽的颜色。)父亲很快添加了白兀鹫（这是一种

---

① 卡马格沼泽（Camargue region）：位于法国东南的罗讷河三角洲，以众多的浅盐泻湖为特色，因白马及自然保护区而闻名。——译者注

② 巴斯克地区(Basque)：指法国和西班牙境内比利牛斯山脉西部地区，巴斯克人聚居地区。——译者注

濒危物种，却因其以动物粪便而非尸体为食而身价不高；这种觅食行为使它获得了身体所必需的类胡萝卜素，羽毛也因此带橙黄色），它经常出现在石棺浮雕上；还有艳俗无比的紫青水鸡，身上的蓝色、紫色、绿色就像泼洒上去似的，喙红，喙尖染黄，再配上卓别林式的蹒跚步态，让人过目不忘，甚至母亲都记得它，而且她还记得自己希望它们“多待一会儿，以便看得更仔细一点儿”。那是他们的第一次南欧行，母亲留下了愉快的回忆，也发现了跟观鸟者一起出行的真正优势。她回忆说：“我们不会循规蹈矩地走传统线路，确切地说，我们不得不偏离惯常的道路。”他们花上几天的时间在吉卜赛人的市镇晃荡，那里的老妇人都迷信黑圣母。他们在当风的海滨露营，野马四处奔跑。母亲说：“他会外出观鸟，而我则四处游荡。”

他们的行程安排倒是无可挑剔，但我还是想问：难道他们谁都没有想过可以一起观鸟吗？出名的观鸟夫妇，比如桑德拉·费希尔和迈克尔·兰伯思是一对英国夫妇，他们一起观鸟超过 7000 种，另外还有几对夫妇最近超过了 6000 种。父亲的回复是，母亲不感兴趣。母亲的看法比较内省：“我没有望远镜，但我并不怪他没有问过我看不看鸟。我只是不知道如何走进鸟的世界，而他也不知道如何让鸟走近我。”

即使如此，这次旅行还是非常成功，随后几个月里，父母亲反复跟我和吉姆讲他们的这次出游。那个时候，他们俩似乎都为他们那不确定的未来心事重重。我不知道我们选择了一个糟糕的露营地会有什么后果，我只记得，拂晓时分，我被露营车挡风玻璃上的拍打声惊醒——我被吓坏了。

嘭！

嘭！

我睁开眼睛，看到一张脸贴在雾气蒙蒙的玻璃上，面容有些模糊不清。我抹了抹挡风玻璃，将雾气擦掉，外面也是雾气沉沉，我们好似在云端。突然，面孔变得清晰起来：一位老妇人，满脸惊恐。

嘭！

La Mer!（海水！）

La Mer!（海水！）

我不明白她在说什么，虽然我知道那个法语词对应的英语，但当时我还迷迷糊糊没有清醒。当我从睡袋里爬下来，摇下副驾驶座的窗，她又说了一次。这个时候，我发现车子浸在了 15 厘米深的水里。海水正在上涨！此时，母亲醒来了，朝着父亲大叫。他也爬了起来。老妇人仍在不停地警告。突然间，车内狂乱不堪。海水已经到达高潮位，一个堤已经被淹没。父亲迅速将几乎湿透的露营设备扔到车后；吉姆和我都吓呆了，在母亲怀里缩成一团；父亲发动引擎，调转车子，开走了。

这是我人生中第一次真正经历的恐惧，好像这个世界已经不受父母亲的控制了。其实，直到那个时候，他们仍在竭力掩饰他们之间的问题，沉浸在幻想中。当我们乘露营车旅行的时候，他们以为他们的兴趣是互补的，我们的家庭还算正常。我知道我们家跟别人家不一样——父亲观鸟，母亲弹唱民歌——但是我不知道到底有什么不一样。我们从水淹的堤岸逃离之后，那种不同，在家里的每个人身上，将逐一体现出来。并不是那个时刻将危险加之于我们家，而是我们家已经处在危险之中了，只是那个时刻使危险突然变得真实起来，对两个小孩来说尤其如此，之前模糊不清的悬崖似乎被照亮了。

如果我们都倾向于将儿时的记忆理想化，那么我记忆中最完美的一页，是 1969 年 4 月我们的最后一次欧洲游。也许部分原因是时间长，我们花了将近一个月的时间穿越西班牙（父母亲将我们从学校里接了出来，光是这一点就足以给个人的传奇添油加醋了）。更重要的原因是，那个月，父亲成了我的老师（他每天跟我一起，用他那本彼得森手册向我展示鸟类世界。最重要的课程，是如何使用索引。我还记得父亲让我查看不同的鸟，在不同的地方，然后相互参证。父亲教我如何做到缜密周详。这一习惯我一直保持到了今天，几乎达到某种强迫症的程度。编辑知道，我写一个专题，总会钻研过度，以致即使预定了所谓的最后期限，也就是特别针对我的截稿时间，谁也不会当真的）。我还记得在手册里找戴胜[①]，第二天下午，它竟然在现实生活中真的出现了，我盯着它看，充满了惊异。

那些美好时光成为我记忆里一个个亮点，旅程的其余部分完全被遮蔽了。

父亲还在很早的时候就曾亲身体验过感知会朝我们想看到的东西倾斜。他跟母亲去了一趟希腊，据他回忆，“那是一段非常愉快的时光”。他接着又加上一句：“但那完全是一种假象。”回来不久，父亲发现，母亲显得快乐是因为她跟海德堡

① 戴胜是欧洲最神秘的鸟之一，它有冠状羽饰，在许多文化中被看作特别聪明的动物。关于这一点，最典型的例子是《百鸟会议》。在波斯苏菲派诗人法里德·丁·阿塔尔于 12 世纪创作的作品中，众鸟群集开会，讨论谁最聪明，可以为王当政（根据寓言，是统治整个有形世界）。回答出所有问题的戴胜证明了自己是那只跟灵界联系最紧密的鸟。里面有跟戴胜相关的禅思例子：“再见，既然我们不死，/ 再见，既然我们就是某人某物，/ 我们永远没有自由。/ 精神生活不是为沉迷世俗者准备。/ 只有付出才会带来好运。/ 如果你无法彻底抛弃生命，/ 至少你可以放弃，/ 对财富和荣誉的爱慕。”（“企鹅经典丛书”，1984 年 7 月版，阿夫哈米·达尔班迪、迪克·戴维斯校订翻译）——作者注

剧场的某位演员发生了浪漫故事。父亲震惊不已，愤怒至极。他们之间的分歧陷入了死结，父亲想尽办法让母亲觉得她需要他而想留下来，母亲也以同样的努力平衡渴望自由与家庭责任之间的关系。但双方都没能成功。

可以说，他们不能一起生活，时代起了极大的作用。毫无疑问，正如母亲所说，他们是“社会正在发生的剧变的一部分”，但远不止这些。他们俩从来都不能做他们想做的事。母亲从没有自己做过主，而父亲的愿望则复杂得多，他已经一改再改——在读大学、学医的问题上妥协，还闪婚。让他无限悲哀的是，他的妥协没有效果，他既没能将他的一生献给鸟类，而用梦想交换的婚姻和职业也都落了空。

他们不断尝试，不想让家庭破裂；吉姆和我则是他们之间最重要的纽带。他们的争吵越来越凶，越来越混乱，而且，在某种意义上，争吵成了他们“最亲密的”（如果消极地说）关系。1969 年 1~3 月，他们之间的麻烦搅得父亲心烦意乱，他停止了观鸟，只加了灰鹤一个新种，当时他正驾车走在德国的高速公路上，有一群鹤从空中飞过。我们预计 5 月底离开欧洲，暮春时节，他们开始计划最后一趟旅行。

我不记得父亲有多愤怒，不记得为了让母亲相信西班牙之行会让一切好起来，他是怎样一次又一次地努力，也不记得他是怎样变得越来越愤怒。我不记得母亲的反应，不记得她是如何越来越放纵自己，遐想着与其他情人的浪漫时光，憧憬着无需陷入传统的照料孩子的生活，也不记得母亲是如何屈从于自己的感情和变化的时代，认为自由、家庭、忠诚是互不相容的。

七岁的小孩对这些纠葛不可能视而不见，我只是不去回忆，或许是不允许自己去回忆。

我只记得西班牙。我记得父亲教我的东西。我记得彼得森《美国野外鸟类手册》彩图版的气味和光滑的质感。我记得大海的涛声，我们的露营地就在海边，我还记得书合不严实的样子，因为沙子进到了书脊里面。我们坐渡船去巴利阿里群岛，避开最大、最出名的马略卡岛，直接去了伊维萨岛。该岛当时是嬉皮士的乐园，在那里穿不穿衣服没人管，总是有音乐在飘荡。在那里停留期间，父亲收获了他当年的第二个新种，西红角鸮。当时我们的车正在转弯，它就在我们面前飞过，从我们的房车前擦过。我记得自己看到了鸟的腹部，与树皮同色。这种颜色及其约 20 厘米长的娇小体型，使它可以藏身灌木丛。当时它就对着挡风玻璃，被车灯照得透亮。这鸟被吓蒙了，我们冲下车去，它就扑腾着翅膀飞走了。

4 月 14 日，父亲加了两只“来福儿”，马氏林莺和青脚滨鹬。马氏林莺属于难以辨认的鸟类之一，但它之著名是因其名叫马尔莫拉。阿尔贝托·德·马尔莫拉是拿破仑麾下的一名将军，他的爱好是收集生物学标本，其收藏至今仍保存在都灵大学。差不多同一时间，埃利奥特·科兹正在北美洲收集鸟类标本。青脚滨鹬是鹬科鸟类，在大西洋和太平洋沿岸都可以见到。我给父亲打下手，在彼得森手册上画记号。那个时候“彼得森”变成了我们俩共享的，至少在当时是。

这些记忆对我来说是如此幸福和神圣，以至于当我听到最后那趟旅行的真实故事时，我感到震惊。

“我们去伊维萨岛，试图治愈我们的伤痛，挽救我们的家庭。”母亲说。我想，她的意思是，那是他们最后一次为他们的婚姻做点什么了。我不认为他们是在“挽救家庭”，因为我不认为那有什么可能。我宁愿将其看成是对未来的思考：即将回美国，他们怎么看这段欧洲经历？是从这段不寻常的几近噩梦的欧洲之行回归正常生活，还是就此承认他们永远不可能一起过日子了？父亲一如既往地相信前者，而母亲心里清楚他们的婚姻结束了。

每天早晨，我们坐在房车旁，手里拿着观鸟的书。我会细读里面的描述，然后对照图片。

“你觉得它是什么鸟？”

“为什么它们相近？”

“翻一页吧。”

每天晚上，他们俩都会争吵，甚至不为了什么具体的事，只是谁都想让对方从自己的角度来看问题罢了。父亲还是无法留住母亲，母亲也无法让父亲放她走。于是，他们激烈地争吵，观念不可调和，他们的关系越来越紧张，火气越来越大。

母亲告诉父亲她要离开，她会带着我和吉姆待在欧洲。我们在西班牙的最后一晚，他们大吵一场之后，母亲独自开着房车走了。这不过是又一场让人沮丧、无限重复的战争。

岛上最陡峭的那段弯道，紧贴高悬海面的峭壁，母亲开到那里时，仍然哭泣不止，因为心烦意乱，她走错了车道，将一个骑摩托车的人撞了出去，车手只差那么十几厘米就掉落悬崖。他伤势不重，但母亲骨折了，路人将她送到了附近的女修道院。父亲赶到时，当地警察已经在场。他们知道这对美国夫妇正在争吵，有些麻烦。

我对此事只有一点模糊的印象，当我写作此书时，谈到这次意外，才回忆起一些情景来。穿着制服的警察，看起来威风又威严，毕竟这是佛朗哥治下法西斯主义的西班牙；他们大声喊叫着，有人在试着翻译；我和吉姆站在人群外盯着看，直到母亲的一个朋友将我们带走。

我们被勒令马上离开海岛[①]。

1969 年 5 月 2 日，父亲独自开着房车去了荷兰的泽兰，然后我们将把那辆车海运回家。再一次，这是一种能将我们一家人黏牢在一起的事，哪怕细若游丝。路上，父亲看到了斑尾塍鹬，一种在北极地区繁殖的鹬科鸟类，那个时间开始在新英格兰的大西洋沿岸出现。这是他在欧洲的第 221 个新种，也是此行欧洲看见的最后一种鸟。父亲当时脑中一片空白，正机械地搜寻着鸟的踪影，这只鸟就出现在了他的眼前，但他也没能因此得到解脱。“发生了太多的事情，”他说，“观鸟也无法让我找到快乐。我的生活即将破碎。”

1969 年 5 月 23 日，我们离开欧洲，没有海轮，没有冒险，没有新的开始。我们一家在法兰克福挤上了一架军用飞机，途经纽芬兰甘德镇，飞往新泽西的麦考尔空军基地。整个航程，母亲用毯子蒙着头，父亲照顾我和吉姆。我大概也染上了母亲的焦虑，整个航程都在晕机，没有一点儿兴奋感。而一个七岁的小孩第一次坐飞机通常都会兴奋不已，且难以忘怀（其实，我一岁五个月的时候坐过一次飞机，从圣地亚哥飞回纽约）。父亲的彼得森手册收了起来，书中记录的欧洲的 452 种鸟，他看到了 299 种。比他希望的要少。

---

① 父亲说警察从来就没有赶我们走，而母亲说赶了。——作者注

但是，经历了那么一大堆不幸的事情，这个数字倒也不是那么一无是处。

第6章 清单的极限

棕榈鬼鸮是纽约地区普通但不太常见的秋季迁徙鸟和冬候鸟。尽管我在纽约地区已观鸟20多年，但还没见过这种鸟。几年前，我的朋友，早期一起观鸟的伙伴迈克尔·菲茨杰拉德在自家房前的一棵常绿树上看到一只，他家位于邱园山141号。但等我赶到的时候，它已经不见了。1971年1月下旬，当我听说在佩尔汉姆湾公园有一只明显可见的棕榈鬼鸮时，我决定带上儿子们去看看，那个周末正是我探望孩子们的日子。我们于周六早晨动身，很快就看到那里聚集了几个观鸟者。很容易就找到它了。这只娇小的棕榈鬼鸮实在是太有趣了。

——棕榈鬼鸮（*Aegolius acadicus*）

1971年1月20日，纽约佩尔汉姆湾公园，#726

从我房间的窗口，可以看到利特尔内克湾。房间下方的一楼有一个超大的阳光门廊，可以欣赏西面壮观的风景：横跨长岛湾的桥梁，还有鸟类众多的沼泽地。父亲本可以在那儿对准水面架设起望远镜。时值 1969 年 8 月下旬，正是秋季迁徙高峰期，观鸟的最佳时机。

但是那个秋天没有收获。父亲的清单上没有增加新鸟种，他甚至没有时间观鸟。

从德国回来以后，我们同祖父母莫里斯和罗丝一起住了几个星期，父母亲则忙着找房子。母亲离开纽约时还是少女，归来时已变得完全不同。父亲希望回到美国能使她恢复简单纯朴的心态。整个夏天，他们和房地产经纪一起走遍了周边社区——皇后区怀特斯通、布鲁克林高地，以及哈得孙河沿岸纽约北部的一些住宅区。

我问父亲，为什么他们那样做，当时离婚似乎已不可避免。他说，他仍然抱有希望，“拥有一幢房子可能对我们有帮助”。实际上，考虑到他几乎肯定会失去房子，这更像是父亲绝望的赌博行为。但是，无论是从情感上还是从个人角度，父亲都无能为力。因此，买一幢我们从未真正拥有的房子，这种象征性行为，是他不得已的孤注一掷。母亲则更加务实：她没办法养活自己——她获得了教师职业证书，但并不愿意从事教育工作——她需要一个住所，无论是否和父亲、吉姆还有我住在一起。（母亲后来投身艺术事业，成功开展了彩色玻璃的修复业务。）

他们在皇后区东北角的一个小社区里选中了一幢古老的维多利亚式房子，房子坐落在一座小山上，从那里能看到美丽的日落景色。

道格拉斯顿是一个安静的地方，到处是树木和大房子。我们居住的社区是其中一个名为“道格拉斯庄园”的区块，简称“庄园”。社区的样子到现在也没有多大变化，只是更拥挤了一些，因网球明星约翰·麦肯罗的家就在那里而闻名。社区位于一个小半岛上，深入利特尔内克湾，周边被沼泽包围。父亲小时候曾多次来过此地，那时他正被另一种热情所驱动，这里正好处于湾畔森林的东侧——正是父亲少年时代很棒的观鸟点。

父亲和我们一起住在道格拉斯顿，他睡在客房里，直到11月。至今我还记得那些争吵、哭泣和骚动所带来的孤单和悲伤的感觉，回想起来，这似乎不是童年该有的情感。我开始沉浸于书本和幻想的世界中。尽管已经七岁，但我开始尿床，而且我发现结交新的朋友异常困难。我个子很小，比同龄人大约矮十几厘米，戴着厚重的角质框架眼镜，不喜欢运动。我刚刚从国外归来，父母本身也不怎么符合庄园区的保守文化，这些都让情况变得更糟。那几年，我和吉姆是第98小学中少数的犹太孩子，这所学校是道格拉斯顿火车站附近的一所小型语法学校，在那里我从三年级读到六年级，这种情况在纽约市立学校系统中不太常见。我在道格拉斯庄园区从来没有结交过任何好友，直至今日也对该社区没有多大好感。

我还记得父亲不再和我们一起住的第一个晚上。我记得当时母亲想解释一下。我在洗澡，她进来坐在浴缸旁边。当她告诉我父亲不再和我们同住时，我正在玩潜水艇玩具。回忆她说话的那一刻，仿佛仍能听到泼水的声音，我无法直视她的眼睛。母亲不断重复父母在那种时候惯常对孩子说的话：“这不是你的错。”我清楚地记得，在她如此断言的时候，我只是想，如果这事儿真的不是我的错，她就不会这么说了。对着一个太小还没法理解的孩子，她进一步解释说，她太早结了婚并有了孩子，但这只是加深了我的愧疚感。毕竟，世界上真正需要我的人离开了我，我怎能不为此谴责自己？

从那时起，我们四个人开始了不同的人生轨迹。母亲常常沉迷于自身的放纵，吸食各种毒品，并把一群不负责任，有时甚至是残酷的人带到家里，并接纳他们的各种生活方式：莱斯深深地迷恋那个时代的黑暗致幻剂，安德鲁是一位个性温和、会弹吉他的木匠，乔是一个怒气冲冲、腐败的警察。我和吉姆开始生活在逃避现实的世界中，对我来说是写作，对他来说是音乐。父亲的生活却因此崩塌，以致他在 1969 年和 1970 年没有收获任何新鸟种。父亲步履蹒跚，到底是追求行医生涯，还是好好承担丈夫和父亲的角色，他茫然无措。他将开始远离人群，进入一个远离都市的荒野，在那里他将不断挣扎，直至找到自己的目标。

1971 年 1 月一个寒冷的星期六，父亲和我们兄弟俩走在那片观鸟圣地上。我和弟弟穿着当时流行的傻乎乎的派克大衣，我丢了一只手套，只好一只手插在口袋里。佩尔汉姆湾公园是纽约市最大的户外开放场所，面积是中央公园的三倍。20 世纪 30 年代，美国鸟类学家卢德洛·格里斯科姆和布朗克斯鸟类俱乐部的男生们在那儿完善了他们激进、快节奏的观鸟方法，因此那里现在被观鸟者们视为圣地。我们向公园的一个林区走去，绕过修剪整齐的花园和冰冻的湖泊。这些花园现在都荒芜了。

几周前，在我九周岁生日时，父亲送给我两件礼物，时至今日我仍然珍藏着：属于我自己的平装本彼得森《美国野外鸟类手册》，还有一架沉重、结实的泰斯科牌双筒望远镜，它价格低廉，就算小孩子弄坏了也不会太心疼。我从来没有弄坏它，除了20世纪70年代中期在琼斯海滩附近的一段高速公路上，我不小心把望远镜掉在了地上，内部棱镜掉了一块微小的玻璃碎片。

我们开始了按部就班的生活：周末父亲来探望我们，带我们去参观博物馆和观看篮球比赛，逛唐人街和中央公园。对两个小男孩来说，这真是天堂，是纯粹的快乐，与我和吉姆在道格拉斯顿母亲家中所经历的悲伤和动荡相比，尤其如此。母亲作为代课老师赚了一些钱，她遇到了一位来自布鲁克林的老师，此人只顾自己，埋头于制作蜡烛和服用致幻剂。他时常在我家客厅里开派对，播放让人头脑发胀的摇滚乐，很快他就搬进来与我们同住了。父亲对此感到困惑和愤怒："她不是说要个人独立吗？"她和新伙伴很快在街对面开了一家工艺品商店，名叫"罗塞塔石碑98号"。商店和我家很快成为社区里20来岁年轻人最热衷的聚会场所，其中许多人的弟弟、妹妹在我们学校上学。由于母亲的行为举止，我一再被同学们嘲弄，并且有些人家也绝对不允许我上门拜访，谁要是和住在里奇路20号的人家——也就是我家——有所交往，都等于被贴上了"红字"[1]。

---

① 《红字》是美国作家纳撒尼尔·霍桑于1850年出版的长篇小说。它描写了17世纪美国新英格兰一个清教徒殖民地的生活，讲述了女主人公海丝特·白兰因婚外恋而怀孕生女，被迫穿上绣有"红字"的衣服，在严酷的社会环境中，通过不断赎罪，追求有尊严的生活。"红字"，代表了罪恶和羞耻。——译者注

父亲已经成为曼哈顿一个戒毒康复项目的主任，他终于从职业中找到了一些满足感。在某种程度上，他的工作是反嬉皮士文化的一部分，他也感到高兴，觉得自己可以真正地帮助他人。他也积极地融入了纽约那些狂野的60后单身人群中。

对我们所有人来说，一切都是全新的。但在那个周末，一些熟悉的东西回来了。

棕榈鬼鸮这种鸟，就算是最执迷不悟的不可知论者也会发现它充满魅力。它长着巨大的橙色眼睛，看起来就像猫的眼睛，脸盘苍白，布满蓬松而斑驳的褐色羽毛。但它最吸引人的地方是它的大小：它是地球上最小的猫头鹰之一，和人的拳头差不多大。“可爱得一塌糊涂。”父亲说。这是父亲对鸟类的最高赞美，他经常宣称在美学上并不真正喜欢鸟，他喜欢的是发现和计算鸟种数。我不知道这是否属实，或许这是他的一种旧有障碍，阻碍了他对自然世界的热爱和参与，但无论如何，他对鸟类个体所缺失的关爱似乎隐藏了一个更大的真相：计数和命名是人类与自然互动如此重要的一部分，与人类的灵性息息相关。

我也觉得那只鸟很可爱，但更让我惊讶的是追寻行为本身。我们常规的周末活动，是父亲在星期五傍晚接上我们，在曼哈顿度过一个周末，去唐人街吃午饭，然后乘车玩车牌宾果游戏（我们每周都尝试尽量多地查找其他州的车牌。这个游戏自然是父亲的主意，他保留了我们所见车牌的清单。我们的最高成绩是31个）。不过，在那个星期六，我们离开了城市。我记得父亲当时很兴奋，他告诉我，那种鸟他从未见过。我自豪地带着我的彼得森《美国野外鸟类手册》和全新的双筒望远镜。

抵达公园以后，我们加入了其他数十名观鸟者的队伍，每个人都很兴奋，因为可以添加一个新鸟种到他们的清单中。

这是我第一次意识到父亲不是唯一这样做的人。

我们花了几分钟就看到了那只鸟。我记得自己被树木的浓荫包围，我凝视着树枝上的那只小鸟，那只鸟似乎也在回望我，我觉得除了我们四个——吉姆、父亲、猫头鹰和我，好像地球上其他生物都不存在了。这绝对是一种非凡的感觉。奇怪的是，这让我感到我们很特别。我们又成为一家人了。

回到停车场，父亲在他的鸟类手册中标记了这一鸟种（尽管他已开始将个人清单做成单独文档，但仍然使用野外手册来做标记）。星期天，我们恢复了常规生活，在罗丝和莫里斯的家里吃午餐，然后父亲开车送我们回家。他驶入碎石车道，停在老露营车的后面，现在那是母亲的车，她与同住男友合用。父亲和我们说再见，我和吉姆艰难地走上门廊，打开破旧的双扇门，消失在屋子里。周末总是在这样的声音中结束：父亲的大众甲壳虫汽车发动的声音，倒车时车轮碾压石头的声音，以及山坡上汽车加速离开社区的发动机声。父亲后来告诉我，他经过湾畔森林，前往曼哈顿的归途中，几乎总是在哭。

大规模鸟种竞赛的时代还没有开始，但人们已经做好了准备。像父亲和其他许多观鸟高手一样，吉姆·克莱门茨也是纽约人。他在韦斯特切斯特郡一家孤儿院中长大，充满潜力。他和父亲年龄差不多，少年时代就开始观鸟。他在哈得孙河畔林木农场的娱乐时间里发展出这一爱好，那里住着 25 个男孩。在他未出版的自传中，克莱门茨描述了自己如何利用鸟类知识在捉迷藏等游戏中表现出色："我向男孩们解释说，我只要观察被他们打扰的鸟类就可以明确地知道他们躲藏的地方。"带着熊熊燃烧的好奇心，他在当地图书馆中找到了一本初版的彼得森《美国野外鸟类手册》，为之着迷不已。他还得到了艾伦·托马斯学究式的帮助，艾伦是他在孤儿院的监护人，也是布朗克斯鸟类俱乐部的一名成员。

第二次世界大战后，克莱门茨选择了生物学专业，然后进行了一次全国旅行。他加入了年轻人的迁移之旅，这些年轻人受到新的机遇和神奇的美国之路的启发，感受到了西进运动前往加利福尼亚的巨大吸引力。"当我看到太平洋时，"他讲述着，并实践着我父亲没能付诸行动的想法，"我知道自己会留下来。"到了 20 世纪 60 年代，他的印刷事业蒸蒸日上，并成为观鸟团体中的活跃分子，他对观鸟高手们的影响，可以说就像布朗克斯男孩们对一般业余爱好者的影响一样重要。克莱门茨和他在洛杉矶奥杜邦学会的同事们一起，成立了一个名为"观鸟小队俱乐部"的组织，他们有自己的想法。在 1969 年的一次会议上，克莱门茨、斯图亚特·基思和阿诺德·斯莫三人决定要尝试观察到 4000 种鸟。基思是英国的一名观鸟者，曾经打破彼得森的年度观鸟记录，他在南加州定居。斯莫在加州大学洛杉矶分校（UCLA）进行了名为"环球观鸟"的一系列讲座。

克莱门茨和斯莫总体来说是业余爱好者，尽管斯莫是真正的观鸟传播者：他总是随时准备去播放幻灯片，他充满激情、生气勃勃地讲述在非洲和南太平洋等地的观鸟历险，成功地迷住了不少非观鸟者。那些地方，尤其在当时，充满了异国情调。

基思是该团体中最具竞争力的。他的知名度不及罗杰·托里·彼得森，但他也观鸟圈里的名人。1968 年，基思提议观鸟者们将其鸟种清单发送给一个权威机构进行比较和验证，并在一本名为《观鸟》的杂志上发表。到了 1970 年，杂志的读者们组成了美国观鸟协会（ABA），这个爱好者协会保存了大多数观鸟者的正式记录（协会没有要求观鸟者必须提交清单，有几个主要的观鸟者，包括我父亲在内，没有将其清单发给美国观鸟协会）。基思是协会第一任主席，斯莫紧随他继任。

正是在《观鸟》杂志的文章里，基思和斯莫给这项渐渐变得高度竞争化、仪式化的运动划定界限。基思和斯莫撰写的一些文章数字精确，诙谐趣味，不禁让人惊叹："他们不可能是认真的吧！"斯莫在一篇名为《环球观鸟》的文章中写道："让我们从第一个问题开始：世界上究竟有多少种鸟？"

在过去20年时间里，人们普遍接受的数字是8600种。近来，由于合并的鸟种数量，人们怀疑这个数字可能还是过于乐观了。但是，在与科学界同事交谈后，我发现，根据公式 $I=S+N$，该数字仍然基本上正确，其中，I 是总体增加的鸟种数，S 是拆分出的鸟种数，而 N 是新发现或新描述的鸟种数。

基思和当时的大多数观鸟者一样，认为看到全世界一半的鸟种将是一项恒久且难以企及的成就。1974 年，他成为第一个实现该目标的人，观鸟达到 4300 种（根据他自己的计算）。他的好友和竞争者斯莫则希望走得更远，他于 1976 年用一篇题为《白头鸣冠雉[①]：我如何在苏里南找到我的第 4000 种鸟》的观鸟故事来作答。斯莫的文章描述了一次有趣的旅行，但同

① 该鸟种目前的分类和名称已经发生了变化。——译者注

时也提高了竞赛门槛："4000 种看起来已经很多了，但仍然不到地球上所有鸟种数的一半。尽管我的一些朋友已经过了'一半'（大约 4500 种），且至少有一个人达到了 5000 种这一'巅峰'，但我仍将全力以赴，抱着比以往更坚决的信念去追寻其他尚未观得的 5000 种鸟。"

斯莫认为可以"看尽天下鸟"，这是一个全新的想法，他的数字也是：在他看到"一半"鸟种以后仅仅两年，斯莫的宣言提高了所有事物的标准——一个人能看到多少鸟种，以及世界上总共有多少鸟种。观鸟的主要问题似乎不是执行，而是鸟种的增加。基思的观鸟数量刚刚达到 5000 种，但根据斯莫的说法，他的观鸟对手尽管增加了 700 多个新鸟种，仍然仅仅是"过半"！

发生了什么事？

在埃利奥特·科兹生活的时代，曾经发生过同一件事，但影响力被放大了：物种的拆分者和合并者展开了争论。从 20 世纪 50 年代早期开始，物种合并者占据了上风，物种合并多于拆分。但是现在，物种拆分者开始掌控局面，这主要源于人们对鸟类如何分化的新认知，特别是在热带地区。

但是如果没有人手去统计，数量增加的意义就不大。就在这个时候，早期超级鸟人三巨头的第三人出现了。

吉姆·克莱门茨刚刚结束非洲之旅归来，他感到很烦躁。他的观鸟清单上只增加了五个新种——都是不太知名的鸟种，因为当时并没有标准的物种命名系统，通过询问当地的科学家并翻阅野生生物调查记录，他才得以将五种鸟添加到他的清单里。回到家后，他查阅了这些鸟的拉丁名，发现它们属于同一种，这使他的清单又减少了四种，而他已经落后于斯莫和基思（克莱门茨最终在20世纪90年代初超过了他的朋友们。目前，他的清单大约是7200种，几乎和我父亲相同）。实际上，整个观鸟界使用的都是一团混乱的通用名称，与鸟类学家不同，观鸟者们觉得科学命名法令人厌恶，过于笨拙，缺乏浪漫色彩。

正如克莱门茨所说，基本问题是："如果不知道要列出什么物种，又该如何维护清单？"

对于那些试图收获巨大数量级鸟种的观鸟者来说，缺乏一套标准的命名统计系统，使得这项任务并不像一个挑战，却像克莱门茨说的，"更像一场噩梦"。

因此，克莱门茨尝试了被认为是不可能的事情。

为了能够看尽天下鸟，克莱门茨决定，他必须制订出地球上所有鸟种的名录。

位于纽约的美国自然博物馆保存了一份鸟类的学科名称列表，但这份列表相对来说太简单，因为每一种鸟只有一个名称。唯一发表过类似范围之名录的，是由J. L. 彼得斯编辑，哈佛大学比较动物学博物馆出版的《世界鸟类名录》。彼得斯于1934年开始编写，大约每三年出版新的一卷，直至1962年第16卷出版，完成全著。这是一套令人印象深刻的合集，如同一部命名词典，对于其中所收录的鸟类，几乎列出了所有常用名称和本土名称——但它对普通爱好者来说并不友好。

克莱门茨的名录有所不同：它专门针对观鸟者，只有单一的一卷本，还留有了打钩标记和笔记空间。克莱门茨于1970年开始编写自己的名录，他参考了美国自然博物馆的拉丁名列表和彼得斯的书（他几乎每天都会前往洛杉矶县立博物馆，在

那里存放着该地区唯一的一套彼得斯全集）。克莱门茨行动迅速，他知道整个过程中可能存在错误，因此他咨询了鸟类学家，并只采用享有卓誉的参考文献。准确性当然很重要，但同样重要的是，这本书“为观鸟者提供了良好的服务”。

这是一个巨大的挑战：从来没有人想象过，一本列出了地球上每一种鸟的书，除了可以填塞图书馆的空间，还可以为观鸟者服务。道理很简单：除非你拥有迪恩·费希尔——20 世纪 60 年代初的环球观鸟者——一般的强悍，或者彼得森和基思那样的科学知识，否则很难看到所有鸟种。但是在 1974 年第一本《世界鸟类名录》出版时，总共才 524 页，售价不到 20 美元。这标志着一种变化：从那时起，看尽天下鸟只是一种追求，仅仅取决于个人意愿。如果你想这样做，如果你感到不得不这样做，吉姆·克莱门茨给所有人提供了一个路线图。

乔尔·艾布拉姆森——父亲的大学室友，是较早着手建立早期观鸟清单的人。父亲上一次见到艾布拉姆森是在 1956 年，他们在康奈尔校区相遇。他们俩都喜欢观鸟，彼此之间有一种兄弟般的情谊。

毕业后，艾布拉姆森去了医学院，而父亲还在四处游荡。艾布拉姆森来探望他，按父亲的说法，他是来“一起看看鸟，说一点儿鼓舞人心的话”。他们开车去蒙托克，艾布拉姆森鼓励他上医学院。“你的父亲随波逐流，”乔尔告诉我，“他嘴上说想成为房地产大亨，还有很多别的事儿。他的父母希望他成为一名医生，而我试图说服他，医生是一个很好的职业——可以为他提供时间和金钱来从事更多观鸟活动。”

艾布拉姆森最终说服父亲成为一名医生。然而此举似乎（至少是暂时地）打消了父亲观鸟的热忱。需要再过许多年以后，父亲才会像艾布拉姆森那样能够利用职业的便利，而艾布拉姆森几乎一工作就可以：1960 年，乔尔有了自己的计划，和克莱门茨以及他的伙伴们的想法一样雄心勃勃。“我想看到 4000 种鸟，”艾布拉姆森说。

20 世纪 60 年代，艾布拉姆森在佛罗里达州从事医学工作时，就建立了自己的鸟种清单。他落后于基思、克莱门茨和斯莫。实际上，他对这些信息知之甚少，因为超级记录者非常少，所以没怎么被报道。像艾布拉姆森这样纯粹的业余爱好者，要达到极高的鸟种数是闻所未闻的，并不容易。基思可以安排一次前往某个地区的探险活动，去看他想要看到的目标鸟种，如果第一次没有看到，他还可以再去一次。（克莱门茨说：“他有专业优势。”事实上，基思去了非洲那么多次，使得他能够写出该大陆的第一部鸟类权威指南。）这是艾布拉姆森所没有的优势。

但是艾布拉姆森有个想法。

“观鸟耗费了我很多钱。”艾布拉姆森说，“有时，我只是缺少机会，无法到达那些偏远地区，去收获其他人已经看到的鸟种，仅仅因为我不属于鸟类学家这个圈子。”到了 20 世纪 60 年代后期，艾布拉姆森注意到，越来越多人开始对观赏异国鸟类感兴趣。环游世界变得越来越可行，基思和斯莫开始出版《观鸟》杂志，在其中经常以故事形式罗列各种观鸟种数的成就，以及很基础的世界排名。1969 年，艾布拉姆森在该杂志上发布了第一则广告，推出加勒比海地区的“观鸟探险之

旅”。（父亲说，艾布拉姆森成立了一家观鸟旅游公司，目的是克服此项活动中最大的一个困难：金钱。“他找到了一种方法来支付自己观鸟之旅的费用，这太厉害了，”父亲大笑。）艾布拉姆森本人没有带队，他只是把人组织起来，并雇用高级鸟类学家做向导—他们知道鸟在哪儿。他创建了一种行业规范，今天几乎每个大型观鸟旅游公司仍然遵循此道。

过去，其他商家曾提供“观鸟之旅”，但它们对增加鸟种并没有太大帮助。“他们还是不够疯狂，”艾布拉姆森自豪地说，“他们不是在进行观鸟的耐力测试。”艾布拉姆森的“好运观鸟公司”很快开始增加前往墨西哥、非洲、东亚和南美的旅行。对艾布拉姆森而言，这意味着靠旅游生意的利润，可以支付他自己的观鸟旅程。

1973 年，斯图尔特·基思参加了两次“好运观鸟”旅行，前往东南亚和印度（旅行由本·金带领，他后来建立了自己的旅游公司。金带队的旅行被认为是所有观鸟探险活动中最艰苦的。父亲说，和金一起观鸟，“除了鸟，其他一无所有，只有鸟，鸟，鸟——然后累个半死”。父亲带着一种轻快的语调，向听众传达出这是一件非常非常好的事情的意味）。在所有的疯狂中，基思的最佳目击记录是大多数观鸟者梦寐以求的机缘巧合。他在旅馆花园里等待其他人，然后播放了一段当地某种杜鹃的录音（播放录音是观鸟者吸引目标的重要方法，适当的鸣唱可以吸引来数十种好奇的鸟，它们想看看是谁在入侵它们的领地）。几乎立刻，一只小鸟——灰犀鸟——出现在附近的树上。过了一会儿基思才意识到，这是他的第 4300 种鸟——他已经达到了神话般的半数，这花了他整整 27 年时间。基思在《观鸟》杂志的文章中写道："我要替好运观鸟公司这么说，他们不提供轻松的早餐，或让人放松的鸡尾酒时光，他们只提供鸟。这是硬核式观鸟，每天从黎明到黄昏，绝不放松。"基思意识到，有组织的旅行可以极大地提高观鸟者看到鸟的速度和鸟种数量。他花了27年的时间从第一种鸟到第4300种鸟，想象中只有天才级别的观鸟者才能以更快的速度获取更高的数字。基思也不认同他的朋友斯莫的说法，斯莫认为，即使是一个天才，"如果他希望看尽天下鸟，他注定只能失望"。那么，合理的数字是多少？基思断定："7000种。这是普通人的能力所限。"然而，基思知道自己没有足够的时间来实现这一目标。他写道："我只能达到6000种，而且那时我可能已经要坐轮椅了。"（2003年2月13日，斯图尔特·基思在密克罗尼西亚的楚克岛因中风去世。去世的前一天，他看到了特岛鸡鸠，那是他的第6600个鸟种。）

早期的超级记录者都参加过艾布拉姆森的旅行团。艾布拉姆森本人观鸟已接近4000种，他在1976年前往委内瑞拉的旅行中最终达到这一数字。他还试图说服他的老室友也投身于此。"你的父亲，"他告诉我，"是一个非凡的观鸟者。"但是，天赋并不是我父亲的观鸟数字不断上涨的原因。1971年，我们看到的棕榈鬼鸮虽令他感到兴奋，但他有一个新的职业，并且正享受着单身所带来的一些好处：他享受到处都是各种聚会且包容万象的那个时代。后来，我们被介绍给他离婚后第一个真正的女友南希，我和弟弟才知道父亲又开始约会了。（吉姆和我都喜欢她。最近谈起她时，我们俩都回想起自己曾经多么想让父亲娶她。但是父亲背负的重担——他仍然爱着母亲，不

仅将他推入了沉迷和追逐的处境，也使他远离了爱。）

尽管如此，父亲仍然觉得生活相对平静。少量的观鸟，有趣的周末。需要观鸟吗？1970 年他没有看到任何新鸟种，1971 年只有棕榈鬼鸮，1972 年也没有新的收获。康奈尔大学校友中成为医生、不从事鸟类研究却能目击数千种鸟的，是乔尔·艾布拉姆森，不是父亲。“至于我，”父亲说，“那时我只是一个普通人。”父亲好像生活在两个世界里：他才离开的那个令人心碎的世界——观鸟也是其中的一部分，似乎是一种解药，却也可以完全抛开；另一个世界——他的工作，他的女友，他的乐趣。他可以更肆意地驾驭后者，暂时没有受到他试图遗忘的消极一面的影响。

第7章 减少一种

1973年3月，我受邀在游轮上演讲，这趟旅程从牙买加出发，前往哥伦比亚卡塔赫纳、巴拿马圣布拉斯群岛和洪都拉斯、危地马拉以及科苏梅尔岛和大开曼岛。这是我第一次前往新大陆的热带地区观鸟，但是由于墨西哥以南地区还没有好的野外手册，因此免不了有些困难。我打算先在牙买加待上四天，詹姆斯·邦德撰写的《西印度群岛鸟类手册》用于观鸟很不错。在牙买加，我看到了很多分布广泛的西印度群岛鸟种，包括六种牙买加特有鸟种。我的第一个新大陆热带物种（未来还会有上千种）是在金斯敦的一个公园里看到的牙买加拟鹂。

——牙买加拟鹂（*Icterus leucopteryx*）

1973年3月14日，牙买加金斯敦，#727

父亲一生中曾多次短暂出现的对鸟类的渴望，就像隐藏在密林中的小鸟一样，仿佛诱人的一瞥，随即消失，只留下轻微的羽毛沙沙作响声；这是一个讯号，承诺会给他的生活增添意义，但他并没有坚定地去拥抱——尽管每次离开都留下了越来越强烈的渴望。离婚以后，父亲观鸟的自我几乎没有再出现，仿佛他的两个自我选择了独立生活，只是在去往各自的目的地时偶然相遇，它们都没有彼此认可。（一次在去汉普顿一所“单身之家”的路上，父亲看到了一只稀有的鸭子。）

父亲其实几乎没怎么观鸟。他的住所离中央公园只有一个街区，有时他会提早下班，通过双筒望远镜扫视草地和林间，没什么新鲜的。他的纽约鸟种清单很充实，想在其中添加新种已经不能指望偶然性的遇见，而是需要专注力，就像被人告知棕榈鬼鸮的存在一样，需要前往追寻。

还有其他需要分心的事情。尽管父亲是单身酒吧活跃的一员，但他有两个孩子要抚养，要抚平离婚后还在隐隐作痛的伤口，面对紧巴巴的财务状况。当我问父亲离婚是否会带来新的机会，将他自己的一生重新献给鸟类时，他说：“我几乎破产了，我不得不集中精力开始重新生活。”父亲又一次选择了平常，选择了责任，正是他父母希望他成为的那种人，而完全无视自己的个人理想。

那个时代自由奔放的愉快气氛似乎减轻了父亲的孤独和伤感。鸟类偶尔开始向他展露魅力，令父亲直面内心深处的自己。那些时刻暴露了他真正的挫败感，因为那些时刻不仅仅是令人满足——它们如此美丽、超凡脱俗，它们让他瞥见了另一个隐秘的自我。我想，父亲知道完全投身观鸟意味着更加孤独的生活。那个时期，他受到观鸟的驱动，但对鸟还没有太痴迷。随着越来越多的朋友纷纷离婚，并加入他所在的那种放任的生活当中，他本人的怪癖和破碎的家庭也似乎变得不那么可耻，不那么反常了。换句话说，那些以前使他感到完全被孤立的事情，现在也可以算是很平常了。在曼哈顿离婚别居并不是他想要的结果，不过这很有意思，而且他也不再孤单。因此，观鸟在他生活中占据的比重暂时缩小了。

数字里程碑——第 500 种鸟，抑或看尽所知的本州的每一种鸟——是观鸟进展的关键时刻。但是，更高的门槛随之出现，观鸟者可以晋级到更高水平的活动中。通常情况下，向高阶进军会播下种子，这些种子最终会开花，成为彼此竞争的超级记录者，去追寻天底下所有的鸟种。我遇到的每一位观鸟高手，他们心中最重要的转折点，那个点燃他们雄心壮志和使他们痴迷狂热的事件，几乎都是首次前往热带地区，原因很简单：那里鸟种更多。

整个美国大约有 800 种鸟，看遍每一种鸟是一个巨大的目标，许多观鸟者花了多年时间努力实现这一目标。另有一群比赛型观鸟者试图在一年内观察到尽可能多的鸟种。（鸟类手册的作者肯恩·考夫曼打破了 1973 年的“大年”纪录，共收获 671 种鸟。当时他只有 19 岁，没什么钱，只带了贴身衣物和一架双筒望远镜就开始了冒险，靠自己的机灵到处搭便车。）即便对那些极度疯狂的观鸟者来说，第一次访问赤道地区也仿佛是掉入了鸟类的迷魂阵。一次旅行就可以带来数百个新鸟种。一位经验丰富的美国观鸟者在巴西或秘鲁短短几天的旅程就可

以使自己原有清单上的鸟种数翻番，而之前的清单记录可能是花了很多年才建立起来的。

即使加勒比海这样不那么可怕的热带观鸟地区，也有丰富的鸟类资源，经常点燃观鸟者深藏的雄心壮志。

就像父亲说的，如果这只是“心血来潮”，那也是酝酿了很长一段时间的兴之所至。两年的时间，父亲仅仅是进行“偶发的、没有多少收获的观鸟”——没有新种。1973 年，他开始了自己的短暂冒险。父亲作为讲师参加了一次为医生安排的教育性巡游，但他提前三天到达了游轮在牙买加蒙特哥湾的始发港。他租了辆车，开车去了金斯敦山上。

那是一个美妙的下午，阳光明媚，宁静安详。他接二连三地发现了 15 种新鸟，有些很有趣。这种感觉令人陶醉。热带地区的另一个吸引力是：那里的鸟类比温带地区的更富有特色（一些生物学家认为，那里的物种更多是因为生物不断进化以填补更多的生态位）。第二天，他开车进入了哈德沃山谷，那里迷雾笼罩，几个相识的纽约观鸟者曾向他提起这个地方。这是父亲首次进入真实的热带丛林：黑暗，潮湿的树木，到处都是鸟，但是茂密的植被使人们很难真正看清它们。父亲在他的清单上增加了三个鸟种，尽管他错过了难得一见的牙买加黑鹂。“蓝山真是令人着迷，”父亲说，“我惊讶于它是如此茂密和美丽。”（几乎所有和我聊过的观鸟者都曾提及他们对首次热带之旅的迷恋；作为一名户外作家，当我骑单车来到墨西哥铜峡谷雾气蒸腾的谷底时，我也深有同感，在野生金刚鹦鹉和果实累累的木瓜树的环绕下，我仿佛找到了天堂，之后我又去了那里八次，我还想再去。）

启航的前一天，父亲拜访了西半球最多产的观鸟点之一。在一条泥泞的土路上前行一英里，就到了罗克兰蜂鸟保护区，时至今日，这段旅程仍然是加勒比地区最有价值、最可爱的自然朝圣行程之一。地球上最小的鸟在一个轻微修剪过的花园上方飞来飞去，一些很有耐心的游客凝视着它们。这个避难所是一位鸟类学怪人的领地：丽莎·萨蒙——当地人称呼她“丽莎小姐”——二战期间在英国皇家空军服役。敌对行动停止后，她在山上建了一所小房子，此后她把大部分的时间都花在对鸟类保护缺失的批评和宣传上，以推动对鸟类的保护。20 世纪 50 年代，她每天下午的 3 点 15 分给蜂鸟喂食，这对观鸟者来说是必不可少的一站，他们希望在此看到很少见的鸟种，如深紫色的牙买加芒果蜂鸟和奇特的红嘴长尾蜂鸟，后者拥有彩色的喙和一对旗帜一样的尾羽，大约可伸展至 30 厘米长。萨蒙向我父亲展示了这两种鸟，那时增加新种的狂热对他还影响甚微，几年后，这种狂热将把他完全吞噬。他差点错过了游轮，还好在船离开蒙特哥湾之前及时赶到。他激动不已，他的鸟种清单增加了 38 种，这是他十几岁以来最大的一票收获。

旅途中，父亲的注意力在离婚单身人士的诱惑和数鸟之间摇摆。他在游轮上结识了一位来自瑞典的女士[①]。调情是一项轻快的娱乐活动，他回忆道，尽管这样，总有一个时刻他感觉

① 这位女士的名字带有挑逗的诱惑意味，类似 007 系列电影《金手指（Goldfinger）》中普斯格罗的角色。我觉得这很有意思，因为它暗示了这位英国间谍与观鸟之间真正的联系。小说家伊恩·弗莱明（Ian Fleming）是个狂热的观鸟者，他住在牙买加一个名为“黄金眼”（Goldeneye）的庄园中（这个名称来自一种鸭子）。当伊恩·弗莱明打算给自己所写的系列惊悚小说的主人公命名时（这一主人公后来变得家喻户晓），他的目光扫向书架，看到了与父亲在牙买加旅行时用的相同的一本鸟类手册。他发现作者的名字相当合适，“呆板，不引人注目”，因此拿来给特工 007 命名。在父亲后来的观鸟生涯中，他经常消失无踪，令有些当地人猜测他是间谍，父亲虽然不鼓励这种想法，却也觉得很有趣。——作者注

孤独，令他想远离喧嚣。父亲与另一位讲师成为朋友，一位心理学家，此人也在船上找到了自己的女朋友。一天傍晚，当船驶入哥伦比亚卡塔赫纳港口时，他们俩站在甲板上——父亲当然带了双筒望远镜，庆祝他们的好运气。

“理查德，”心理学家说，“我恋爱了。”他带着亲密的语气。他们此后一直是朋友[①]。

“你没有恋爱。”父亲简短地回答，“这只是你的错觉。”

“我就是恋爱了。”心理学家说。

“不，”父亲说，他理性十足，“你只是把所有的需求和欲望投射到了那位女士身上。”

心理学家凝视着他们所靠近的南美城市的灯光。“那不是爱吗？”他问。

父亲没有答案。他自己的需求和欲望，他自己的爱恋，不是一种人际关系，至少不是与人有关的。

我也感到孤独。那时我 11 岁，刚上初中。父亲几乎总是不在，母亲虽在，她自己却并不想如此。大部分时间我都是自己度过的。我骑单车到利特尔内克湾边，坐在那儿，看看飞鸟、桥梁和汽车，还有船，还可以坐飞机启航飞向远方（我家正处在拉瓜迪亚机场的飞行路线上）。父母的婚姻生活中充斥的愤怒和紧张并没有消失——他们还在吵架，离婚后，通常是为了钱——这让我感到，在里奇路这个家里，我就是父亲的替代者，家变得越来越怪异：房子里到处都是人、声音和气味。我感觉

① 他们的友谊因亚瑟在 20 世纪 90 年代初期自杀而结束。正如父亲所说，那件事，以及过早失去的另一个密友，使他“在家更加无所事事”，同时有更多的理由出门观鸟。——作者注

自己完全被忽略了，有时还受到母亲的朋友们的威胁。我结交的主要对象是母亲几个离婚朋友的孩子，他们同样被人疏远，但我其实也很少见到他们。

就像年轻时的父亲一样，我也需要逃离。和他一样，我骑着单车，前往沼泽地带。不过，我从来没见过褐弯嘴嘲鸫。外面没什么能引起我的兴趣，使我从情感上感到安全，甚至感觉人身安全。母亲邀请一堆陌生人来到家中，其中一些人认为他们有权按自己觉得合适的方式来教训吉姆和我。我最终找到了避难所：我越来越沉溺于幻想，想象自己生活在北极之下的热带天堂，就像我当时最喜欢的一本书——埃德加·赖斯·巴勒斯的《地心记》里所写的那样；或者是置身于完美的未来，一名行为怪诞的少年竟能登上“进取号”太空战舰执行任务[1]。

与父亲不同，我的痴迷并没有膨胀，而是消失在了这些世界中。为了鼓励我阅读，父亲提出所谓的“交易”：每当我读完一本书，他就会给我买另一本。我收集了许多作家的全集，从头到尾阅读了莱斯特·登特的小说《奇兵勇士》全集共96部，《人猿泰山》全系列小说共26部，库尔特·冯内古特的所有作品（当时只出版了七本书），以及《伊利亚特》和《奥德赛》。我热衷于收藏漫画，这是我自己的“清单”，而且我的每本书都像父亲清单上的鸟种一样，被完美记录、分类和互相参照。每个星期二，我都会购买书报摊上热卖的漫画，因为新的漫画书会在那一天到货。不管是《蜘蛛侠》《友善的卡斯珀》，还是女孩子们爱看的浪漫漫画，统统都要。作为收藏家，我的目标是完整性和秩序。父亲鼓励我这种对他自己个性的小小复制，

① “进取号”太空战舰是科幻影视作品《星际旅行》中著名的星际战舰。——译者注

当学乐读书俱乐部推出学生购买的季度目录时，只要我答应每一本都读，他就允许我订购任何书。我会把新书按字母顺序排列，然后一本一本读下来，从不变动，即使我不喜欢某些书，我也会读完每一本。

当游轮停靠卡塔赫纳时，父亲沿着海岸线稍稍溜达了一下。如今，鸟类学家已经遍访南美洲的每个角落，编制了详尽的野外手册，列出了该大陆4000多个鸟种的绝大部分。但那时，这些手册中第一本书的作者史蒂夫·希尔蒂还只是个22岁的和平队志愿者，刚抵达哥伦比亚。他于1986年出版了《哥伦比亚鸟类手册》。之后的十年里，希尔蒂和他的合作者威廉·布朗将他们遇到的鸟归类，并将其描述发送给美国鸟类画家盖伊·都铎。都铎的画风让人联想到彼得森，但更显华丽和艺术化。他们的书稿最终罗列了超过1700个鸟种供参考。在20世纪70年代初，这样的书还不曾有。无论是业余爱好者还是专业人士，来到鸟类繁密之地的游人所知的信息都很有限，不知道有什么鸟，不知道鸟在何处。因此，离开游轮时，父亲采取了一种简单的方法。他招来一辆出租车，告诉司机将他带到“最近的沼泽地”。15分钟后，他的清单上出现了11个新鸟种，包括肉垂水雉，一种长着长趾头的高大鸟类，就像长脚蚊一样，这样的进化使它能在漂浮的植物上优雅地行走。第二天，游轮驶过巴拿马运河，又做了一次短暂停留。

父亲从纽约的一个朋友那里得到了关于观鸟点的讯息，但无法找到确切区域。“没关系，到处都是鸟，”父亲说，“独自一人，享受自我，没什么可担心的，这真是太好了。”他仿佛只是身处于一块更为潮湿的法拉盛草地中一般，过着他被耽误了好久的生活。仅一个下午，他的收获就赶上了在牙买加三天的收获。新添加的 38 个鸟种使巴拿马的中途停留成为他纪录最高的一天。

船继续驶向危地马拉的圣安德鲁群岛，终点是墨西哥的科苏梅尔。他又增加了 12 个新种，个人鸟种总计达到 834 种。这已经够格成为一个游历广泛的观鸟者。一个想法正在形成：“去某个地方，被新鸟种包围，这太令人兴奋了。”在坐飞机回家的途中，他开始考虑其他有大量新鸟种的地方：特立尼达、肯尼亚、巴西。去那里可以看到多少种鸟？父亲已经有了答案。

看尽天下鸟。

观鸟使父亲成为一个专家，我很喜欢那样。只需稍稍一瞥，他就能辨别出飞在头顶的东西，这似乎是一种超能力，与我的漫画书里偶像所拥有的能力不相上下。但我自己并不喜欢鸟类。我努力尝试了。我有双筒望远镜和野外手册，我的房子附近就是湾畔森林。但我并没觉得它们多么有趣，而我也已经太大了，很多孩子在 10 岁或 11 岁时就已经对鸟着迷。我已经有了我自己的避难所。我认为，区别在于父亲观鸟是从一个寒冷的地方——罗丝和莫里斯创造的斯巴达式的冷酷环境中逃离。我则需要避开一个火热的地方，避开道格拉斯顿混乱的生活。我需要遥远的幻想世界，我永远不用离开那里，那里也永远无法被摧毁。

有一件事与父亲的观鸟有关，对我产生了很大影响，我为他感到骄傲，也为自己是他的儿子而骄傲。在父亲参加游轮出

行的那年秋天，一位老人来到第98小学这所道格拉斯顿火车站附近的小学，向我们介绍自然，尤其是鸟类。孩子们或许对运动或者看电视更感兴趣，但是他有激发孩子们兴趣的两种方法：首先，他随身携带了一只巨大的仓鸮标本；其次，他举行了一场比赛。

“谁认为自己对鸟类了解很多？”威尔·阿斯特尔先生提问。

孩子们举手，但我没有。阿斯特尔又问：“你们有谁能说出十种不同的鸟吗？”

再一次，几只手举起来，老人让他们一一发言。

知更鸟…… 蓝鸟…… 主红雀…… 鸡？

下一个孩子回答：“海鸥。”

我知道“海鸥”是一个通用鸟名，因此是不准确的。还有鸡，嗯，这根本就不算，因为他们只知道祖母熬汤的那种鸡，不值一提。不过，我还是没有举手，我很害怕发言。阿斯特尔先生一次又一次地提问。

最后，我明白自己得自告奋勇了。从他脸上的表情我可以看出，他以为我会像其他男孩一样所知无几。

这并不容易。我不习惯承受压力，我试着填空。主红雀、欧亚鸲、欧椋鸟、白头海雕。

那些都是很常见的种类。

家燕。

我停了下来，但是阿斯特尔给了我时间。

银鸥。

他扬起了眉毛。

鹗。棕榈鬼鸮。

都是父亲带我看过的鸟。

再来一种。我卡壳了——然后，我想起来了。我怎么能忘记两种最重要的鸟？吉姆最爱的鸟，我最爱的鸟。

戴胜。剪尾王霸鹟。

阿斯特尔先生的眼睛在发光。我说出了一种北美大陆上都不存在的鸟，另一种仅在得克萨斯州出现过。我的老师奎因太太鼓起掌来，这给班上的同学留下了深刻的印象。但是阿斯特尔是最开心的。如我所言，观鸟更容易吸引小男孩，可能是因为它给冒险增添了理性的线性结构。我后来听说，阿斯特尔来到学校的目的不只是让一群小屁孩对自然稍做了解，还想寻找年轻的潜在的观鸟者，并引导他们走上正确的道路。

那一天，威尔·阿斯特尔相信他找到了一个。

“你叫什么名字？”他问。

“丹尼，”我回答，“丹尼·科佩尔。”

他笑了。“啊，”他说，“你肯定是理查德的儿子。”

事实上，在父亲十几岁的时候，他也见过同样的猫头鹰标本。威尔·阿斯特尔是皇后区鸟类俱乐部的创始人之一。课后，阿斯特尔先生问我是否认识其他喜欢鸟类的孩子。我不认识。没能发现一个未经打磨的天才儿童，让他有些失望（因为我的观鸟启蒙已经有人很好地指导了）。但他还是颇感宽慰，至少一名年轻的鸟类爱好者能够很好地代表第 98 小学——尽管后来吉姆和我都不算是。

具有讽刺意味的是，一个人收获的鸟种越多，距离血肉和羽毛的世界就越远，反而进入了一个抽象的世界，一个人为施

加的生物分类学决策的世界。即使你只是坐在家里，也可能会改变你的鸟种数量。1973年底，美国鸟类学家联合会（American Ornithologists' Union）宣布将“蓝雁”与“雪雁”合并，“欧亚绿翅鸭”与“绿翅鸭”合并，同时“纹霸鹟”和“桤木纹霸鹟”进行拆分。大多数观鸟者还从未经历过（或者至少不是非常了解）这些名录上的技术波动，尽管父亲的净损失只是一个鸟种，但这预示着鸟类定义方式（包括计数方式）发生巨大变化的十年的开始，最终结果是：合并基本终止，而拆分物种的数量激增。父亲发现自己的总数减少了一些，这令人不安。“说不清为什么，”父亲说，“但感觉很奇怪。”我的猜测是，这违反了他的观鸟行为中最核心的秩序感。似乎个人清单上莫名其妙和令人惊讶的变化给他意识中坚如磐石的事情增加了不确定性（直到后来他才完全接受了这些不确定性，尤其当他明白了如何研究和利用这些不确定性来增加自己的清单数，并因此最终获得了掌控感）。

第8章 世界上有多少种鸟？

20 世纪 90 年代，安第斯骨顶从美洲骨顶中拆分出来。在此之前，这两种在地理上相距甚远的鸟被认为是同一种。我在观鸟的第一年就看到了美洲骨顶。在去秘鲁旅行时，有人告诉了我拆分的事，因此我整理了自己的清单，增加了这种鸟的南美版本。看到这两种鸟的时间相隔了近 35 年，而从它们被拆分，直到在我的清单上增加上去，这中间又相隔了近十年。

——安第斯骨顶（*Fulica ardesiaca*）

1984 年 10 月 22 日，玻利维亚国家公园，#2585

美洲骨顶（*Fulica americana*）

1948 年 10 月，纽约法拉盛，#80

世界上如果不存在那么多鸟，人们就没法统计到那么多种，这道理看上去很简单。让人感兴趣的是，地球上的鸟种数量一直在迅速增长。当父亲刚开始观鸟时，据信大约有 8600 种已知鸟类。如今，这一数字已接近 10,000。在 10 年到 20 年，某些鸟类学家认为数字还可能翻番，甚至变成三倍。这并不是因为在丛林中发现了全新的鸟类。目前，一种专业的、基于科学的列表狂躁症正疯狂席卷整个鸟类学研究领域。更令人着迷的是，尽管鸟类学家一直对纯业余爱好者持暧昧态度，自鸟类研究开始以来就一直如此，但毫无疑问，以观鸟为乐，以及为鸟类分类命名这两件事，是互补、相辅相成的“艺术”。

让我们先跳出来，简短地学习一下语义学和分类学。我们已经知道，命名鸟类是对它们进行统计计数的最重要步骤，因为你需要在列表上核对某些内容，以某种方式进行追踪，但是，鸟类命名方式背后的科学——尤其是在现代——更为重要，有助于解决观鸟和鸟类学所引发的问题，那些关于如何定义和区分地球生命的问题。

拆分者和合并者之间的斗争与鸟类学本身一样古老。在过去的 150 年中，它采取了许多不同的形式。最早的战斗——再次由火爆的埃利奥特·科兹带头——与科学的鸟类命名方式有关。美国鸟类学家尤其喜欢“三名法”，这种命名法使用第三个拉丁名来定义亚种。欧洲科学家对此表示反对，但美国的拆分者开始占得上风，主要是因为在新大陆上发现了大量新物种。不过，这两种力量之间的波澜很快就平息了，到了世纪之交，正如小马克·V·巴罗在《为鸟疯狂》这本关于美国鸟类学史的著作中写的："美国鸟类学家不断发现新的亚种，它们之间的区别越来越小。到世纪之交，甚至'三名法'的支持者也开始质疑其实践者们是否走得太远。"巴罗本人在美国鸟类学研究领域颇有建树。

关于物种整合的早期斗争具有一种学术上的——几乎是语言学上的——气氛，情况有时候会变得很古怪。1889 年在《鸟类学家和鸟蛋研究者》杂志上发表的一首诗歌曾试图阐明这个话题：

亲爱的读者，

我们请您注意，

这是现代发明的惊人增长。

如果这种热潮不断高涨，

只有天知道我们将如何结束。

一年竟有这么多新增的亚种！

除了某些特定领域，现在这类话题很难有大的影响力：像布雷特·惠特尼这样的科学家——我父亲的第 7000 个鸟种就是在他的带领下发现的——现在正在探索生命的定义本身。他们的拆分与物种概念密切相关，而物种概念是进化论的基本信条。此外，实验室技术首次被应用于有争议的鸟种分类中，曾经完全由学院派的异想天开来决定的局面被改变了。对于父亲这样的观鸟者来说，这是件好事，能够扩展竞赛，或者为之增添新元素的都是好事。

对于许多超级记录者来说，最能集统计计数和物种命名二者于一身的人就是惠特尼。在过去 20 年中，没有人比惠特尼

描述过更多的新物种。今天，没有哪位鸟类学家比他更有影响力，更富远见，更有才华。了解惠特尼所做的事不仅可以帮助了解父亲和他的竞争对手所进行的逐鸟竞赛，还能了解为什么观鸟具有更具体的实质，为什么它能帮助我们了解地球上生命的本质。

首先，你必须了解惠特尼的才华，最好的办法就是亲眼看到——你会觉得不可思议。但是，惠特尼几乎所有的时间都待在南美丛林的深处，他带队的几次鸟类学实地考察都艰苦得令人难以忍受。整整三个星期，不间断地计算鸟种，除非你异常专注地观鸟，不介意错过其他一切，否则还是算了吧。你只能依据我的描述认识他：布雷特·惠特尼是将我父亲带入观鸟历史的人，但最让我感到惊奇的是发生在那次旅行更早些时候的事。

我们这个小组走下一条小船，来到巴西亚马孙河中心一个无名小岛上。我们一共 12 个人，都带着双筒望远镜，但当我们在茂密的植被中搜寻鸟类时，精密的光学仪器似乎没有多大用处。不过只要惠特尼在，就没问题。对于惠特尼来说——这也是鸟种收获的关键——耳朵比眼睛更重要。惠特尼的肩膀上绑着一对录音机，腰带上的小包里塞满了录音带。他身边还悬挂着定向麦克风，长度是我手臂的一半。

那天早上，我们出发去寻找特定的目标种：一种小小的红褐色的鸟，它们出没于黑暗潮湿之处，攀附在树干上生活。直到最近，亚马孙䴕雀还是一个神秘的物种，在鸟类手册中被称为“现实生活中的未知”，也就是说它曾在几十年前被发现并记录下来，但此后一直未见。它是一种真实的鸟，但在那时，只是理论上存在。

至少对惠特尼以外的所有人来说是那样的。

这种鸟的叫声很特别：结尾处有一小段下降的颤音。我听不到。我们小组其余的人都很紧张。惠特尼和马里奥·科恩·哈夫特——我们的联合领队，巴西国家亚马孙研究学院首席鸟类学家——互相做着手势，我们开始往前走，轻轻地，但速度很快，从主路上下来，靠近灌木丛。突然，我们又停住，一言不发。惠特尼轻轻按下盒式录音机上的“播放”按钮，扬声器发出一阵清脆的鸣声。

受到挑战而激动的小鸟奋起捍卫自己的领土。它偷看了我们几次，然后突然跳了出来。那一刻，手举望远镜，我们成为50多年来第一批真正看到这种鸟的人，现在它已经为科学界所知，在父亲的清单上这是第6995个鸟种。

鸟儿的歌唱，更专业的说法是鸣唱，越来越多地被认为是确定鸟种的关键，在这方面布雷特·惠特尼无疑是一个先锋。通过分析鸣唱以及不同鸣唱之间的差异，惠特尼和他的同事正成为一类新的拆分者，他们的发现是基于真实、可测量的生物学差异，而不是像以往那样基于分类哲学。他们工作的结果带来了鸟种的爆发式增长，似乎一劳永逸地打败了合并者。

在南美，鸟种拆分特别强劲，在那里，相对狭窄的地理区域中可以找到数百种不同的鸟类。通过确定鸣唱中的差异，并采用羽毛、栖息地及最终的遗传分析信息作为支撑，新一代拆分者越来越活跃：通过判别鸣唱中的区别，以及相应的羽毛、生境等方面的信息，将以前认为的同一种鸟拆分为二、三、四

甚至更多种鸟。在过去20年中，基于语音的鸟类学一直在壮大，越来越多的拆分方案被科学界更广泛地接受，这其中也包括了颇有影响力的美国鸟类学家联合会（AOU），该联合会对新大陆鸟类名录进行维护。在观鸟爱好圈子里，出于各种原因，录音的使用也是有争议的：播放录音是一种非常有效的手段，可以将鸟吸引出来，但是一些观鸟者和区域管理者认为，使用录制的鸣声有违这项运动的基本精神，因此戒绝使用。

一些鸟类学家认为25,000种鸟的总数字过于高估了。“我认为这太高了，”剑桥大学生物学家、鸟类保护组织“国际鸟盟（Bird Life International）”的奈杰尔·科拉尔说。科拉尔是帮助维护“红色名录”——濒危鸟类物种的官方清单——的科学家之一，他认为世界其他地方与南美不同。“我们不应该做出类似的假设，”科拉尔说，“我认为不会出现大量拆分导致数字激增的情况。”他预计可能存在30,000个亚种，而鸟种总数将会是12,000~13,000种。即使是科拉尔，一个合并者而不是拆分者，也看到世界上鸟种的总数将增多50%。

确实，正如惠特尼所说：“鸟儿不在乎。”“物种是什么”这个问题既是一个科学问题，也是一个哲学问题。但是惠特尼的工作将辩论推向了现实，推向了我们的生活。通过强化对物种的定义，科学家们对进化有了更深的了解。这些发现对于确定生态系统的功能，了解生态系统的独特性，以及最重要的生态保护至关重要。随着栖息地的不断流失，这项工作变得越来越重要。“现在正进行着一场竞赛，”惠特尼说，“这不仅仅是找到新的物种，我们正在研究一幅历经2500万年形成的拼图。这个拼图马上就要完成，在我们即将看清这个世界的时候，我们必须退回去，找出它是怎样完成的。在许多碎片永远消失之前，我们必须做到这一点。”

与布雷特·惠特尼一起旅行，你将听到、看到许多令人惊奇的事。在巴西，和父亲一道，惠特尼带我们去了一个偏远的观察瞭望塔，它高耸在亚马孙雨林树冠的上方。黎明时分，我们爬上吱嘎作响的楼梯——天气酷热难耐——当阳光洒落在树上时，到处都是鸟，可能有 50 多种，在树叶、藤蔓和枝条之间的天空中腾跃，鸣叫不休，欢快进食。早餐是昆虫，爬叶甲虫、苍蝇和成千上万的其他物种，其中许多还未进行科学分类。惠特尼像拍卖师一样叫起了鸟的名字：扇尾蜂鸟！短嘴旋蜜雀！橄榄绿姬霸鹟！绯红果伞鸟！我们用双筒望远镜来回扫射，试图跟上。那天傍晚，我们乘坐一艘三层船屋向下游行驶，惠特尼回顾了当天的目击记录，其他人跟着他一起——大家的个人鸟种数从少于 2000 一直到 7000 多都有。惠特尼可能是地球上最厉害的鸟类新种发现者。自 20 世纪 90 年代中期以来，他平均每年在学术期刊上至少描述一个新发现的鸟种。惠特尼也给各地的业余爱好者带来了希望：他自学成才，没有高等学位，也没有在实验室或课堂上花费过很多时间。他主要靠带队到南美洲观鸟来维持生计。惠特尼缺少相应的学术资质在科学界也早已不是问题，路易斯安那州立大学自然博物馆的鸟类研究员范·雷姆森说：“布雷特是个明星，他是鸟类学世界中无与伦比的信息和思想宝库。”

惠特尼的生活中那些艰难的细节和梦想的实现，有时让我

想起父亲可能拥有的生活。惠特尼穿越丛林，寻找鸟类，这似乎很寂寞，但是当我看着他在得克萨斯州奥斯汀他家附近的一个酒馆里与年轻女性聊天时，或者他在费尔南多 - 迪诺罗尼亚岛[1]——这是一个位于群岛链中的大岛，类似于加拉帕戈斯群岛，距巴伊亚海岸大约仅 160 千米——是如何轻松自在时，我不禁想到父亲希望成为的样子——一个鸟类学霸主。

惠特尼的起步也和父亲相似，他很早就开始迷恋鸟类。据他的父亲查克·惠特尼说，在印第安纳州农村长大的惠特尼，在蹒跚学步时就对自然产生了兴趣。布雷特四岁时得了麻疹和腮腺炎，不得不待在床上，祖母给了他一套抽认卡，共 150 张，每张正面都有一只不同的鸟，背面有相关的描述。惠特尼说："我爱上了那些卡片。"查克·惠特尼用卡片进行测试，不到一周时间，他的儿子就记住了每张卡片："他非常擅长此道，我盖上所有的卡片，而他仍然认识这些鸟。"

尽管惠特尼那时还不会阅读，但他发现卡片背面的文字比睡前故事更有趣。当我们坐在奥斯汀咖啡馆里吃煎饼时，惠特尼告诉我这些事。他放下叉子，开始背诵："这只鲜艳的小鸟，有黄色和橙色的条纹……"卡片上的鸟是美洲黄林莺。几个月后，小惠特尼正在一条小溪里捉青蛙，听到背后传来一些声音，他转过身来，惊讶地发现就是卡片上的那只鸟！真的是！

六岁时，惠特尼已经知道如何安静、耐心地穿过树林，偷偷地接近鸟类，以便更好地观察，还需要再大几岁他才知道还有双筒望远镜这种工具的存在。惠特尼甚至回想起了何时他第

---

① 费尔南多 - 迪诺罗尼亚岛，位于巴西东北的大西洋上，整个群岛包括主岛费尔南多 - 迪诺罗尼亚岛及附近 20 多个小岛，是巴西著名的旅游胜地。——译者注

一次有了物种的概念：他在院子里看到了一只有点熟悉的鸟，看起来像黄嘴美洲鹃，但嘴是黑色的。他说："我知道那是一种杜鹃，但我明白，那不是卡片上的黄嘴美洲鹃。"几年后，惠特尼收到了他的第一本彼得森手册时，他做的第一件事就是寻找那只"不一样的杜鹃"。就在那儿：黑嘴美洲鹃。他说："这是一次惊人的验证。"

惠特尼想对鸟类了解更多，但那时他还只是个普通观鸟者，还不太在意鸟种清单，也无所谓是在亚利桑那州还是去墨西哥花数周时间寻找特定鸟种。他不确定自己下一步要做什么。查克·惠特尼坦言，他的儿子让他有些担心："我告诉他要脚踏实地，他打棒球还不够出色，不能成为职业选手，而且我认为没有人能以观鸟为生。"惠特尼当时已被研究生院录取，但还在犹豫不决。他不想离开野外。

他也没必要离开。1978 年，一家新成立的公司——维克多·伊曼纽尔自然旅行公司让惠特尼有了一份工作。伊曼纽尔是这家公司的联合创始人和大股东，很早他就意识到，观鸟者愿意付钱去往那些遥远的区域，去收获大量的新种，也就是观鸟者口中的个人新种。惠特尼在伊曼纽尔的办公室里工作，睡在他家客厅里，接听电话，预订住宿，确认航班。大约一年后，他接到了老板从秘鲁打来的紧急电话: 伊曼纽尔缺少一个领队。旅程开始了，从未去过南美且从未研究过秘鲁鸟类的惠特尼受邀参加。"他挤上了飞机，"一同为伊曼纽尔工作的罗丝·安·罗列特说。当惠特尼从秘鲁回来时，他已经知道自己一辈子要做什么了。

惠特尼、罗列特和其他几个人于 1985 年成立了自己的鸟类旅游公司。这家公司和伊曼纽尔公司最终帮助父亲看到了他个人第1000个到第7000个鸟种之间的70%。从这个意义上讲，惠特尼不仅是一个观鸟者，更是一个观鸟推动者，而且他不受约束的痴迷使他有了一些真正的科学发现。惠特尼正成为世界上最好的野外鸟类学家：他发现鸟，供其他人观察计数。

与惠特尼在精神上最贴近的，可能是已故的鸟类专家泰德·帕克，他也是自学成才的。泰德·帕克对父亲的帮助是：在1992年秘鲁之旅中，他对父亲预测安第斯骨顶将很快从美洲骨顶中拆分出来[1]。与惠特尼一样，帕克的耳朵也很敏锐，而且录制了许多新大陆热带鸟类的声音。从1974年起，帕克一直在录音，他为康奈尔大学的麦考雷自然之声图书馆提供了15,000多份声音样本。帕克是惠特尼和其他许多鸟类学家的灵感源泉，也是他们的榜样。1993年8月3日，帕克和几名同事前往厄瓜多尔西南部一个偏远地区，他们的小型飞机撞毁在了一座山上。无论是观鸟还是研究鸟，在偏远地区，都可能遇到危险。顶尖鸟人帕克和菲比·斯内辛格都死在观鸟的旅途中，这绝非偶然事件。

无论帕克是否在世，惠特尼都会开始做更具有影响力的工作，但是很明显，同仁的去世对他产生了很大影响。20世纪90年代中期，惠特尼很好地举起了帕克留下的火炬。“如果说泰德·帕克是这项运动的教父，帮助我们对这些生物多样性进行分类和分析，”范·雷姆森告诉我，“布雷特则是当前的

---

① 后来又进行了调整，将安第斯版本的骨顶命名为灰骨顶（Slate-colored Coot），这样观鸟者才不会将它与在安第斯山脉中发现的大骨顶（Giant Coot）混淆，后者是其他骨顶的两倍大，通常被称为大安第斯骨顶。——作者注

精神领袖。”

你在花园里听到的美妙旋律不只是大自然最喜爱的音乐之一。大部分人靠外形来辨别鸟类——欧亚鸲的红色胸脯、山蓝鸲的蓝色光泽，因此要靠听觉——而不是视觉——才能更好地了解鸟类，这一点不太容易被人们接受。但是“耳朵是辨别鸟类的更好工具”这种观念是很有道理的，并不仅仅因为鸟类的歌曲是如此独特。雷姆森说，这也与人类的成长方式有关：“回想一下，听力其实更可靠。我们的耳朵对我们的欺骗比眼睛少得多。”这是一个很好的例子：如果保罗·麦卡特尼①走在 12 米开外的街道上，你可能不会认出他来，但只要听到前三个音符，你绝对可以辨别出《昨天》这首歌。

惠特尼的工作进一步巩固了这种观念，即鸟类本身也将鸣声作为重要辨识手段。尽管围绕物种的定义总是有很多争论，但大多数人，包括惠特尼在内，都赞成“生物学物种概念”。回想一下高中课程：物种是实际上或潜在地在同一栖息地被发现的种群，比如新泽西海岸的银鸥和笑鸥，跨物种之间无法进行繁殖。尽管鸟类通过鸣叫来发出警告，在群体中导航，或者与后代交流，但最重要的鸣声，以及人类认为最优美的鸣声是用来吸引配偶的。“森林里，大部分时间鸟类都无法看见彼此，而且一只鸟不会飞到另一只鸟跟前看一看才辨别出是不是同类。”惠特尼说。

有数十种相似的鸟，许多曾经被认为是同一物种，外形看

---

① 保罗·麦卡特尼（Paul McCartney），英国“披头士乐队”的成员。——译者注

上去几乎完全相同，但是它们不是同一种。惠特尼试图找出它们之间的不同之处。哪些是需要拆分的物种？我们如何辨别它们？这样的辩论不仅仅在热带地区盛行。如果你居住在太平洋海岸的西北地区，可能曾经见到过一种灰绿色的名为特氏霸鹟的鸟。最近，这种鸟被拆分为两种：桤木纹霸鹟和纹霸鹟。它们看起来如此相似，以至于许多鸟类手册上这两种鸟印的是同一张照片，但它们的鸣唱完全不同。另一个很难从视觉上识别的鸟类家族是莺类，在美国有超过 50 种，其中很多种都看起来很相似，特别是秋天的雌鸟和幼鸟。擅长识别莺类是一项很有价值的技能，很多团队组织数鸟活动时都会招募这样的人才。

作为一个概念，物种拆分和合并已经不限于鸟类。在荷兰乌得勒支，一份名为《国际栽培植物命名法》的出版物在对园艺物种的命名、重命名和划分上是权威参考，狂热的园丁们（大多数是英国人）紧紧盯着相关变化，既怀着宗教般的热情，又感觉不胜其扰。最新的变化涉及菊花，而菊花一直是生物分类不断修订的主题。拆分和合并不断进行着：30,000 多种蜘蛛，600 多种针叶树，几十年前这些数字只有一半。物种拆分甚至延伸到人类：最古老的进化论辩论之一是，尼安德特人到底是一个不同于智人的独立物种，还是仅属于一个亚种（最新证据已将两者分开）。遗传学家路易吉・卢卡・卡瓦利 - 斯福扎使用拆分—合并概念追踪了人类群体的生物特征和语言演变。他并不认为不同人种——一个没多大意义的名词——是分开的物种，他研究的是概念意义上不同人群和社区之间的区域差异。

观鸟者们引领了拆分与合并的道路，并且在确定需要使用哪些标准来证明分化的过程中处于最前沿，这一过程需要直觉、科学和侦查工作的结合。惠特尼最近在巴西中部海岸地区发现了一种名叫乌顶蚁鹩的鸟。该鸟类的标本在柏林博物馆里待了170年，是1830年一位名叫弗里德里希·塞罗的德国探险家收集到的。塞罗是有史以来在热带地区收获最多的收藏家之一。从1814年开始，直到1831年他淹死在巴西淡水河为止，塞罗收集了超过125,000个生物样本——几乎全部来自巴伊亚州海岸线上的一个狭窄地带。目前已经证明，居住在巴伊亚州相邻地区的另一种鸟，黑顶蚁鹩，是一个独立物种。惠特尼相信可能还会有第三种。

首要问题是，确认该标本应该是三种鸟中的哪一种。19世纪狂热采集过程中收集的许多生物标本因为标签质量太差或记录丢失，今天已经没有用处了。塞罗的标本还留有日期和地名：巴伊亚州。但这太笼统了。惠特尼和同事们发现了一份19世纪40年代德国某位地理学家撰写的报告，该报告重建了塞罗的确切行程。将报告与标本日期相匹配，科学家们可以确定该标本的来源地正是乌顶蚁鹩分布区的中心。

下一步是确定相关鸟类之间的差异。在探索新鸟种时，许多不同特征——大小、喙长、色彩——都被用作定义标准。但是对惠特尼而言，鸣唱至关重要。惠特尼穿越巴伊亚州，录制了鸣声样本。在美国，他的两位搭档莫顿·艾斯勒和菲利斯·艾斯勒是业余鸟类学家，他们的爱好使自己成为蚁鹩这一类鸟鸣唱歌声方面的权威。他们开始分析录音。艾斯勒兄弟收集了超过25,000个单独的蚁鹩鸣声样本，均以数字化方式进行了存储。莫顿·艾斯勒说，惠特尼一个人就收集了7000多个。蚁鹩的家族很庞大：至少包括207种，其中父亲看到过157种。

蚁鶇还有一个近似的科：蚁鸟科，涵盖了蚁鸫和蚁八色鸫，包括 62 种鸟，父亲见过其中 22 种。这一类鸟都生活在茂密的热带灌丛中，在地上出没，这使它们成为最难看到的鸟类，最终看到后也格外令人欢喜。

即使是同一种鸟，也没有两只鸟的鸣声听起来完全一样，但是惠特尼和艾斯勒兄弟能够综合足够的数据，得出分化的基准。他们通过测量收集到的鸣声之间的差异并检索鸣声以建立明确的特征来完成这一过程。结论很明显：第三个鸟种，现在命名为卡廷加蚁鶇，主要发现于巴伊亚州北部，与黑顶蚁鶇在一个区域生活，并与塞罗收集的物种进一步分离。

父亲见过很多惠特尼拆分出来的蚁鶇。当我将这些变化告诉他时，我收到了他的一封电子邮件，其中提供了有趣的见解，使我明白观鸟者们经历了多么复杂的跟踪过程。父亲写道："蚁鶇的情况非常让人困惑。1984 年我在玻利维亚看到过黑顶蚁鶇，1993 年在巴西东北部的巴图里特和北茹阿泽鲁也见过。1993 年我还在巴西东北部见过乌顶蚁鶇或是卡廷加蚁鶇，在这次旅行的三个不同地点：北茹阿泽鲁、彼得罗利纳和热基耶。我的记录并没有区别，我将它们全部列为乌顶蚁鶇。"几分钟后，父亲又发了一封电子邮件，想要澄清："到目前为止，我已经计数了两种，黑顶蚁鶇和乌顶蚁鶇，后者可能不止一种。"

你可能已经迷糊了，我也一样，但让我感到轻松的是，物理定律似乎已被拆分定律所取代。拆分定律的公式表述很正确，但在鸟种辨识的场景下却有些古怪："有两只……看上去可能不止一种。"

地形可能是物种进化的关键。惠特尼发现，即使是最细微的区别，如阴暗的斜坡和一片开阔的空地，也能使鸟种有所不同。在蚁鹩身上可以找到一个很好的例子。惠特尼研究过生活区域仅相距几米的蚁鹩和蚁八色鸫，它们进化成可以填补自己特定的生态位、在一个区域内有时可以形成40种鸟的不同物种，每一种都展示出自己的生存策略。例如，卡廷加蚁鹩和乌顶蚁鹩曾被认为是同一种，前者仅在林地和灌木的中上层树木中被发现，而乌顶蚁鹩则生活在具有不同植被类型的邻近沿海地区。这两种鸟最好的区分方式还是通过鸣叫声。

“有些鸟甚至不愿意过河。” 惠特尼说。非常小的区别就会导致生物学上的特异性，这已经不再只是一个概念：“事实证明，仍然有很多东西需要探索，还有太多无人知晓的事物。”

对惠特尼来说，探索是最重要的事情，但是对父亲这样的观鸟者来说，更重要也更有趣的部分是数鸟。由于拆分与合并逐渐被接受、不断修改，偶尔也被取消，观鸟者需要不断回顾和调整自己的清单，这是观鸟游戏中最柔和的部分。许多顶级观鸟者会提前几年为可能的拆分做准备——他们知道可能会有学术论文发表，因此他们会确保在相关地区看到即将被拆分的鸟种。比如说，如果你知道一种虚构的被称为“纽约燕鸥”的鸟可能会被拆分为布朗克斯、布鲁克林、皇后区、曼哈顿和史泰登岛等不同种，那么你得抓紧时间在每个行政区看到一只。当拆分实现时，你就可以添加实际看到的那些鸟种。等待拆分的鸟种在清单中显示为阴影，还不能计数，悬而未决，等待实现。

当我请父亲根据他的观鸟体验解释一下拆分时，他寄给我整整六页的表格，其中有数十种进行了更改、拆分和重命名。

“这可能会造成混乱，”父亲说，“尤其是现在，有大量的鸟类书籍，而且每个人都能在拆分问题上表达个人见解。但是随着 DNA 技术的发展和新的物种概念的出现，很明显，合并的时代已经结束了。”

每一个顶级记录者都有他们信任和不信任的信息来源。父亲经常听取惠特尼的意见，但在他看来，有些拆分，是因为“某些科学家可能意识到，提出拆分是让自己的见解出版的最佳方法”。

个人清单达到 6000 多种的观鸟者，可能其清单中有几百种都要归功于拆分，但他可能并不比其对手具有更大的优势，因为他们在玩同一个游戏。父亲说：“规则似乎在物种定义方面有所改变，但我们所有人都遵循相同的规则。”

这是父亲现在的说法。但是在 1979 年，当布雷特·惠特尼开始带队观鸟，也就是他向专业人士转变之时，父亲对于拆分与合并还一无所知。“我隐约地意识到了这一点，”他说，“这些年来我记录了好几次，但是观鸟的大时代，以及随之而来的拆分与合并才刚刚开始。”

第9章 进入上千种

关于这种鸟，最令人难忘的不是它本身，而是我看到它时那不可思议的周边环境。1981 年，我去了塔斯马尼亚岛，这是我第一次参加“守望地球”的旅程，目的是勘察岛上西北部未知的生物学区域。该地区是濒临灭绝的橙腹鹦鹉的迁徙中转站，被认为是最有可能发现已被宣布灭绝的塔斯马尼亚虎的地区，据称该物种偶尔在附近被“发现”。到达研究点后，我被派去海边瞭望，以识别和估计经过的海鸟数量。鸟很多，信天翁、鹱、鹈鹕、海鸥、燕鸥和鸬鹚都很常见。一天下午，我有一点休息时间，决定沿着海岸向南走。海岸变得越来越荒凉，壮丽的悬崖矗立在宽阔的沙滩上，水流从山上涌出，形成小小的三角洲，直达大海。我可以看到海鸟在海边飞舞，以及海滩上几只滩涂水鸟。楔尾雕在高空翱翔。突然，一只巨大而壮观的白腹海雕出现在我头顶，我的新鸟种，而更让我无法呼吸的，是那壮丽的景色。

——白腹海雕（*Haliaeetus leucogaster*）

1981 年 3 月 5 日，塔斯马尼亚岛，#1077

5000种鸟，对一个普通观鸟者来说，即使无比狂热也几乎无法企及。到了20世纪70年代后期，只有斯图亚特·基思达到了这一数字。罗杰·托里·彼得森还在努力达到4500种，但没人超过6000种。那些达到巨大数量的观鸟者都是超级巨星。彼得森和基思很有名，他们全身心投入鸟种追逐中，他们也被认为是真正的鸟类学家。在这种身份的掩护下，追求极大鸟种数就显得不那么疯狂了。

但是一个普通人？一个有家庭、有职业、有自己生活习惯的人怎么可能看到那么多鸟？

不可能。

要实现目标，生活必须改变。观鸟将占据一切。一个潜在的超级记录者得允许自己被鸟类“吞噬”。

时机很重要。

第一步是认可这种目标是可实现的。对于父亲来说，这个概念是从认知数字本身开始的。吉姆·克莱门茨名录的出现使数鸟突然有了具体的形式——很快，鸟类手册也出现了竞争者——但还缺少其他内容。如果说，克莱门茨是全球观鸟这一领域内的彼得森，他提出一种简单的方法告诉观鸟者他们需要寻找什么（虽然他并没有提供具体的识别方法），那么彼得·奥尔登和约翰·古德斯就是这一运动的阿伦·克鲁克香克。奥尔登是来自波士顿的观鸟者，他青年时代的大部分时间都在墨西哥的荒野中搜寻鸟类，他是北美地区鸟类位置信息的最佳来源之一。古德斯是英国人，在非洲鸟类方面享有类似声誉。1980年，他们出版了《寻找世界各地的鸟类》。这是克鲁克香克纽约手册的全球版本，纽约手册曾深深吸引了父亲，影响了他十几岁时的最早清单。奥尔登和古德斯认为“任何人都能做到”，他们提供各种各样的目击清单和指导说明，涵盖全球 111 个观鸟“热点”地区的手绘地图，每个地区都能看到几十种稀有鸟类。

父亲得到了克莱门茨名录，差不多同一时间也得到了奥尔登 - 古德斯的书，他被迷住了！但是他不知道该怎么做。他开始探索方法。数鸟？这个欲望曾经被埋葬了，现在一定要把它挖掘出来。

旧日的伤害还有影响，并传递给下一代。父亲终于决定根据自己的愿望重建自我。当我想找到其中原因时，我看到了那个创造我的世界。父母于 1970 年离婚，但婚姻并没有因此结束：这场婚姻变成了一系列疲惫、残酷的折磨和冲突。那些斗争让我和吉姆感到非常不安全，我俩深陷其中。但我认为，这一切对父亲来说更加艰难。

父亲的痴迷并没有逐渐显现出来。在成为一种巨大的消耗之前，它被隐藏了起来，这是一种消极的手段，以消除生活中那些不可预测的让父亲屈服的东西。婚姻破裂后的十年里，母亲常常很生气。她有时有理由，有时则是毫无来由地发怒，无论何种情况，她的愤怒对我来说都是无法控制、令人恐惧的：她越来越深地意识到，离婚并没有立刻赋予她幻想中的自由，只是让她更加愤怒。她和父亲在 20 世纪 70 年代的大部分时间里都是在法庭上度过的，他们仍然被那种杀死他们婚姻的顽固意志所占据。父亲仍然希望她成为那个值得自己为之牺牲的人，母亲则希望她被偷走的纯真岁月能够得到补偿。

不断的法庭争斗的同时，母亲从一段亲密关系跳到另一段

关系。每个新男友似乎都使父亲更退缩，他也曾交过女朋友，慢慢地变成只有艳遇。我不知道父母是否认同我用这种因果关系将他们情感生活联系在一起，但我确实相信这一点，而且我和弟弟见证了一切。大部分时间我都希望父亲能救我出来——母亲的几个男友阴暗而暴力，还有我自己的孤独感，就像父亲十几岁时肯定也说不出来的那种感受。我想让父亲看看道格拉斯顿对我来说有多可怕，我想让他在望远镜的十字准星上看到我，知道我发生了什么事，可我最终什么也没说。

我不知道为什么自己没像父亲那样对鸟类产生兴趣。我试过了。我会骑自行车去海湾和沙滩，凝视鸭子和海鸥。但只是去那些地方的旅程本身使我着迷。我花费数小时骑自行车，穿越长岛和皇后区的许多地方，我一边踩踏板，一边想着科幻小说或者歌词，在特别冷清的道路上，我会想象我有一个不同的家庭，一个可以拯救我的父亲、一个可以带我离开一切的人。等到上高中时，整个夏天我都在骑自行车，去宾夕法尼亚、佛蒙特，还有加拿大东部进行长途旅行。我加入了曼哈顿下城一个自行车团体，他们赞助并带领我旅行。这个团体是 20 世纪 70 年代中期席卷美国大部分地区的自行车旅行热潮的一部分，1976 年还举行了名为“世纪骑行”的全国穿越活动。

终于，1979 年，我逃离了道格拉斯顿，当时我只有 17 岁，父亲开车把我送到新英格兰的大学。我从他的大众甲壳虫车上卸下行李，包括我的双筒望远镜和彼得森手册，虽然几乎没有用过，但我仍然走到哪儿都带着它们，直到现在。我和父亲挥手告别。我从未感到如此孤独。有太多的事情从未跟父亲说起，太多的秘密使我感到麻木——离开家时我对抛在身后的一切没有留恋，但也并未感觉轻松。我自己情感缺失的问题并没有因为高中时代两年间大量参加派对而有所改变。高年级时我经常逃课，花很多时间在一个朋友家听“齐柏林飞艇”乐队[1]，我们给这个朋友起了个“H.R.”的绰号，就像儿童剧角色“木偶龙（H.R. Pufnstuf）”一样，还有人说这个缩写的意思是“手摇的（hand-rolled）”。

这种感觉像是一种无法打破的阴霾，而且持续时间越来越长。只有一次，阴霾被穿透了，那是上大学后不久。我那时个性很羞怯，直到上大二才开始约会。我第一段认真的恋爱关系结束得很糟糕，我在圣诞节假期归家的时候通过电话接到了分手的通知。我溜进父亲家里最私密的地方——他塞满鸟书的书房——躺在沙发上。我记得蓝色羊毛沙发套的感觉：痒痒的，蹭着我哭湿的脸，仿佛儿时所有心碎的记忆都喷涌而出。父亲走进来，手臂搭在我的肩膀上，我能听到他的朋友们在客厅里的笑声。我感到很尴尬，但无法停止哭泣，父亲一直陪着我。我希望那时我能告诉他，我的心已经永远破碎，而我自己却不知道。父亲低声对我说话，声音里充满了沮丧：“我不知道该怎么办。”但是他的存在、他的触碰对我来说意义很大，这让我觉得他终究是关心我、爱我的。

又过了很长时间，我才再次亲近父亲。在之后的20年里，那个房间变得十分拥挤。书本、地图和清单迫使沙发让位，很快，除了桌子上立着的一些照片外，其他任何都没有位置了，无论是快乐还是悲伤，是爱还是恨。

---

① 齐柏林飞艇（Led Zeppelin），英国的重金属摇滚乐队。——译者注

我离家上大学的那个秋天也是父亲观鸟的一个里程碑。他从北方旅行回到家中时，发现克莱门茨名录到了，他开始仔细研究。那时，他掌握了所有真正的观鸟高手都必须学习的课程：要真正数鸟，不仅需要在院子里，在自己的国家，或去世界上最偏远的地区添加鸟种，还必须能坐在客厅里统计好它们。

那一年年初，父亲有了一个计划，而获得一本克莱门茨名录只是这个模糊计划的一部分，甚至他自己也不确定目标是什么。他放弃了在曼哈顿的公寓，搬到长岛居住。他随意晃荡的单身汉生活结束了。他还辞去了干了好几年的曼哈顿康复诊所的工作。他开始做一些临时性的工作——在蒙大拿州印第安人居留地担任替补医师，在加利福尼亚州圣华金河谷的移民劳工诊所干上一个月。这些临时工作使他能够在新的地方寻找新鸟种，也给了他一些时间在家整理鸟种记录（当时这些记录都记在一堆笔记本和破烂的观鸟手册里）。父亲说他还没有完全沉湎于对鸟的痴迷中，但已经很接近了：他难得休假，在墨西哥的地中海俱乐部住了一周，但他很快就厌倦了聚会和娱乐。他逃往度假村周围的群山之中，独自一人在那里增加了 40 个新鸟种。

父亲整理着他的鸟种清单，并将它们一只只地与克莱门茨名录进行对照。从他最早的复选标记开始，一直到他在美国鸟类学家联合会发行的卡片清单上的铅笔记录为止，父亲排序并整理了过去 35 年来做的所有观鸟工作。经过四个星期，整理终于完成，但令他沮丧的是，数量减少了 19 种。1979 年许多鸟种合并，父亲不得不减去已与大蓝鹭合并的“大白鹭”，布氏拟鹂和橙腹拟鹂合并为单一的北拟鹂，还有黄绿莺雀和红眼莺雀的合并。后来很多鸟又被重新拆分了，列表上的名称来来回回，而喂食器上长着橙色翅膀的可爱莺雀们，似乎并没有注意到人们在争论它们的名称。父亲更加沉迷的另一个表现是：他从清单上清除了几种鸟，在研究了克莱门茨名录后他确定那些是逃逸鸟。他在笔记中罗列了这些修改，冠以大标题"在比照克莱门茨名录后的清除项"，最后统计他的清单达到了 907 种。这个数字是颇为严肃的观鸟成就，因为它已超过北美大陆的鸟种总数，但要成为一个有竞争力的观鸟清单，还不够。"我的想法是，"父亲回忆道，"还有 7000 种鸟等着我去看。"

如果你打算参加观鸟清单的比赛，遇到的首要问题就是钱。父亲的许多竞争对手都是有钱人。看到 6000、7000 或 8000 种鸟需要的费用可能是个天文数字，而且随着清单数量级越来越大，晋级的成本也越来越高。观鸟者使用的术语是 CPB（Cost per bird），即每只鸟的成本。父亲对我解释这个概念的时候，我们正在他的鸟书书房里，他埋头整理旅行记录，其中包括他的目击鸟种清单、费用报告、收据和参考资料。当时是 20 世纪 90 年代初，我天真地问他花多少钱才能使清单达到 6500 种，他的猜测是超过 30 万美元。那让我第一次明白了，观鸟是一种非常神秘，非常迷人，也非常荒唐的活动。

为了看到更多鸟，你必须旅行。你必须去很偏僻的地方，花很多钱才能到达的地方。你可以自己去，如迪恩・费希尔在 20 世纪 60 年代所做的那样，也可以照着彼得・奥尔登的手册去做，但是前提是你不需要承担很多的义务，因为那太费时间。

由于独自出发观鸟的准备工作很烦琐，父亲这一代的观鸟者都无法采用这种方法。他们中大多数人选择将自己的清单数提升到几千后，开始参加由专业观鸟公司组织的观鸟旅行。20世纪80年代开始出现这样的公司。

这些旅行很贵。比如，我和父亲一起去亚马孙丛林旅行，三个星期的费用将近6000美元，这还不包括机票。我习惯于独自一人去偏远的地方旅行，我可以在几乎任何地方一个月只花1000美元，因此我为观鸟旅行的费用之高感到震惊，尤其是住宿条件通常很简陋，住宿费用不了多少钱。但是，你需要为鸟导的专业度付钱，他们会为每次旅行精心准备。每位观鸟者都会提前收到一张即将看到的鸟种清单，而鸟导的主要工作——他唯一真正重要的工作——就是将每只鸟展现给每位客人，无论花费多少时间。如果某些客人技术不佳，纯粹只为凑数，那可能就很令人抓狂。鸟导希望他们都能真正看清这些鸟，但客人常常看不见，或者不能分辨出来。晚上，人们回顾当天的目击清单，无论是否看清楚了这种鸟，下一次能否独立辨识，客人通常都会把鸟种打上钩。

如果你想看到很多鸟，得从较低的单鸟成本开始。让我们从1982年父亲第一次参加观鸟公司组织的肯尼亚之旅开始。为了方便计算，我把这次旅行的总价——不包括机票——简单计为5000美元。肯尼亚全国的鸟种数大约是1200种，在为期两周的旅行中，父亲看到了517种鸟。单鸟成本是9.67美元，相对适中。

若你还没有访问过很多国家和地区，你可以去新的地方继续扩充鸟类清单。“但要成为一名超级记录者，”父亲说，“你必须去你去过的地方再次观鸟。”

因此，父亲再次去了肯尼亚。还剩下650种没有看到。当然，它们比较稀有，只能看到一小部分。父亲看到了100种，旅行费用没变，而单鸟成本变成了50美元——增长了400%！

可是，等一下。要成为一名真正的超级记录者，你可能还需要去第三次，或者更多次：吉姆·克莱门茨在秘鲁只剩下九种鸟还没有看到，而他已经去过那里20多次了。在观鸟术语中，描述想看到某个国家或地区的全部鸟种，可以用“清理”（cleaning up）这个词语，如“他正在清理阿根廷”。在某些旅行中，克莱门茨连一个新鸟种都没有看到。单鸟成本：无限大。

父亲估计他的观鸟总支出与其他超级记录者相比是较低的：进入清理阶段后，你通常不得不预订私人旅行，每次旅行都可能花费数万美元。据菲比·斯内辛格估计，她花了近200万美元才达到她8500种鸟的世界纪录，其中很大一部分用于支付最后的500种鸟的观鸟旅行。

作为医生，父亲当然可以赚到追鸟所需要的钱，但是和母亲的斗争限制了他可支配的收入。他们复杂的离婚协议将她能得到的钱与父亲的收入挂钩，而父亲觉得她不愿意将钱花在孩子们身上，但事实比这更复杂。对我来说，对金钱的争夺只是一种斗争的延续，这种斗争源于两人未能实现的愿望，这种斗争早在欧洲就已开始。

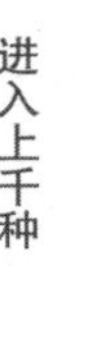

父亲从来都不想成为私人执业医生。相反，他选择了更关注公共服务的职位，这些职位通常薪水较低，所以他总是很节

俭。他持续工作，有钱了就去观鸟。问题在于工作意味着占用时间，为了可以照顾到观鸟，他需要一份弹性时间的工作，就像他在欧洲时按照陆军法规所做的那样。

怎么做呢？父亲选择将他的专业转为急诊医学，在长岛格林波特度假区一家小医院的急诊室工作。夏天，急诊室很忙，父亲保持或多或少的固定工作时间，这也不错，因为他可以在6月、7月和8月坐在游泳池旁扫视天空，寻找鸟种，将其添加到后院清单中。冬季，医院变得冷清起来，每天只有几个病人。这时的日常工作对于需要大量空闲时间的人来说是完美的：父亲会进行八小时的值班，在医院的小屋里睡觉。病人来时，会有人通过无线电通知他，让他能在救护车到达时做好准备。长时间的值班意味着可以休息两三个星期，恰好够时间去进行一次观鸟旅行。

当然，要使时间表按计划运行，父亲必须很好地进行控制，因此他迅速开始进行急诊室的工作。他的许多观鸟计划都涉及整个冬天时间的精确分配。工作的班次和设计的观鸟行程必须完美接轨。归根结底，这意味着父亲得提前计划好去哪里。在他鸟种数达到7000的那一年，他安排了五次观鸟旅行，并且预测他将在那一年的第四次旅行——在巴西的第二周看到第7000种鸟，他的预测几乎完美。他提前一年就告诉了我这个计划，当时我只能敷衍他一下。后来我终于意识到他对运气这件事很迷信。

在这项本质是科学的追求中，迷信处于何种地位？当你长期处于如此追逐状态时，会觉得自己无法承受撞大运的感觉。

但计划订好了，钱也花出去了，最后几只隐藏在秘鲁或巴西无法穿透的丛林中的鸟到底能不能看到，只能凭运气了。

父亲曾自行出门观鸟，也曾乘船出海。但离开这个国家一周或更长时间，只是为了看鸟，这对他来说仍然是全新的想法。当然，他也有自己想去的地方：数年来，他听说特立尼达有一个鸟类丰富的绿洲，称为阿萨莱特自然中心。该中心是观鸟者必不可少的观鸟点，曾经是，现在仍然是，对任何认真考虑大量观鸟的爱好者来说，也是一个离家不远、非常理想的起点。在该地热带雨林特有的100多个鸟种中，父亲看到了96种，这是他多年来最大的单日收获，其中包括西半球最怪异的鸟类之一：油鸱，全球唯一夜行性吃水果的鸟类。要在加勒比海或南美其他地方见到这种鸟，需要在夜间搜寻和一定的好运气，绝非易事。不过，自然中心的邓斯顿岩洞繁殖地现在有近200只油鸱。油鸱这个名字源于雏鸟的脂肪，它们孵化后体重增加很快，常常比亲鸟还重得多。它们如此肥胖，以至于常常被特立尼达本地人捕来做燃料。

父亲幸运地踏上特立尼达之旅，来到一次只允许几个访客进入的阿萨莱特自然中心。一开始，他被告知名额已满，但是宾夕法尼亚州的观鸟俱乐部在最后一刻取消了行程，而父亲所报的旅行社知晓了这件事。他突然发现自己是一群观鸟者中的一员，这真是让人愉快，但他也有自己的观鸟模式，在之后的大多数观鸟旅行中他都采用了这种方式：一大群爱好者举着双筒望远镜在茂密的森林中蜿蜒前行，而父亲会掉到队伍的最末

尾，他可以在不打扰任何人的情况下抽烟，也可以在不受干扰的情况下看到一些额外的鸟。他说："队伍穿过丛林时，会吓跑一些鸟，而我离得足够远，当我到达的时候，还有机会看到它们。"他一开始就是在林中独自观鸟，这种游离状态一直在他的观鸟生涯中持续。

父亲就是在一条寂寥的小径上看到了蓝顶翠鴗。无论是不是鸟类爱好者，这只鸟对人们而言都是有趣而壮观的：长近半米，绿色和红色相间的身体，头上有多种蓝色条纹，有些那么明亮，像是涂上去的颜色。这只鸟是在森林边缘发现的，相当温顺。父亲得以近距离地观察，最终靠近到只有十几厘米。他们互相凝视了一会儿。

那是他的第 1000 种鸟。

对于一个将鸟，而不是人，放在生活中心位置的人来说，社交生活也在发生变化。我父母都很喜欢的 20 世纪 70 年代的狂野生活方式即将结束。母亲正在安顿下来，而父亲发现他结识异性的能力越来越有限。一系列的健康恐慌——先是疱疹流行，然后是艾滋病——使随意结交异性的风险增加。其他因素，从酒后驾车的罚款增加，到录像带的引入，以及早期的健身狂潮，按父亲的理解都是"破坏了氛围"。

因此，1980 年从特立尼达回来后，父亲做了他近十年来没做过的一件事：他有了一个女朋友。我不太确定我对朱迪思的感觉。曾经我非常渴望有一个稳定的母亲，这种情感曾使我非常喜欢父亲早期的那些女朋友，而那时我已经 18 岁了，再也没有了那种渴望。我开始意识到离婚造成的创伤在父亲心中仍然存在，也许他仍然爱着那个他十几岁时就爱上的女孩，也许心碎的痛楚使他无法与后来结识的女性交往，只能使他陷入更深的孤独中。这种孤独也使他花更多的时间观鸟：我认为长时间的与人相处对他来说越来越困难。我没有感觉到父亲与朱迪思有真正亲密的关系。有一次问他，他们是否想结婚时，他对此嗤之以鼻。“不可能的，”他毫不犹豫地说。

那一刻，我知道父亲永远不会再让自己坠入爱河。我知道——他也知道——他的灵魂将从其他事物中获得满足。

在特立尼达，父亲听说了一个叫“守望地球”的机构。该机构提供“科学类度假”，有兴趣的非专业人士可以支付费用，加入一个真正的研究团队。他们将帮助团队的组织者完成生物学和生态学方面的重要项目，并获得税收减免和工作假期作为奖励。父亲去了塔斯马尼亚，他的痴迷日益加深。当飞机在斐济、澳大利亚、新西兰的停机坪起飞和降落期间，他养成了在窗外寻找鸟类的习惯（他甚至有一个子清单，记录他用这种方式看到的鸟）。他说：“我在奥克兰的候机室里收获了5个新鸟种。”在这趟旅行开始前，他已经有了8个新鸟种的收获，取得了领先位置。除了观鸟计数，父亲还把他对鸟类的兴趣扩大到了他梦寐以求的方向，他真正地接触了科学，与鸟类学家合作调查当地物种，用网将它们捕获，并收集样本。当一位团队的头儿给他分配任务时，父亲积累的观鸟技能派上了用场：对途经海鸟的计数。父亲花了几天时间坐在岩石上，凝视着大海，观察成千上万只鸟——鹱、海鸥、信天翁和燕鸥。“这实

在很有趣，”他说，“我非常喜欢。”

接下来的两个星期，父亲与研究人员一起露营。他增加了63个鸟种，其中包括稀有的白腹海雕。然后他的观鸟之旅增加了一个收尾节目，他没有直接回家，而是在悉尼多待了一天，目的是去皇家国家公园观鸟。他开车过去，睡在租来的汽车里，在早晨，他看到了茶色蟆口鸱。这是一种非常奇特的鸟，像粗短的猫头鹰，尽管它与夜鹰的亲缘关系更近。（夜鹰是一种在美国有分布的鸟，黄昏时分我骑车时经常看到它们，小鸟们似乎蹲在开阔的小道上。如果我开着车灯，它们会眨着眼睛，直到我非常非常靠近时才会飞走。观鸟者会采取类似的战术，用高强度的光照射灌木丛，以发现那些夜行性鸟种。）茶色蟆口鸱是这次旅行的最后一个新种，他一个人在澳大利亚一共增加了15个新种。

父亲从那趟旅行中收获了103个新鸟种，这是他第一个战果达到三位数的出行。同时，对观鸟的痴迷也在以一种不同的方式增长，父亲开始腾出时间观鸟，只是观鸟。

“生活中还是有其他事情需要平衡的，”他说。他有一段恋情，他的两个孩子都上了大学，他很享受当医生。急诊室的时间和工作很适合他。观鸟？嗯，这是一个丰富的爱好，积累数字是一个有趣的游戏，他也在进行一些真正的学习。但在我看来，这似乎不仅仅是消遣。父亲希望，也需要观鸟在他的生活中变得更重要。我甚至多次问他，想知道他为什么没有成为鸟类学家。他对这个想法的迅速反驳表明，这个想法曾经占据了他心灵的很大一部分，但已经封闭了。他将成为的样子，一切注定都要发生。我知道，即使他没有选择不顾一切去观鸟（我并不怎么为此感到高兴），对他来说，鸟总是比其他任何事情都更加重要。

父亲已经 40 多岁，快 50 岁了，他的克莱门茨名录上一共有 1116 个标记。

第10章 如何计算鸟种?

后院清单里最奇怪的鸟是我在游泳池盖上发现的鸟。游泳池盖是硬的，除非用水泵清理，否则盖子上会积聚雨水。1992年9月30日那天就是这种情况。我走出厨房后门，看到一只雌性林鸳鸯坐在游泳池盖上那一小滩水里。它立即飞走了。显然，它把绿色、潮湿的盖子误认为天然的小水塘，于是飞过上空时在那儿停下来觅食或休息。在我所在的地区，林鸳鸯并不常见，但属于常规的迁徙鸟，所以我确实希望某一天能看到它飞过我家上空，这一等，就是17年。虽说那不是我想有个游泳池的原因，但在寒冷的季节里，这确实让我的游泳池有了意外的用处。

——林鸳鸯（*Aix sponsa*）

1992年9月30日，纽约东汉普顿，后院鸟种#179

夏季，父亲坐在游泳池边。他靠在躺椅上，双筒望远镜放在胸前，仰头看天。有东西飞过头顶，他喊叫起来：鹗！普通燕鸥！草原林莺！有些鸟每天都在，有些则在春季或秋季回来，但父亲一直追寻着它们，叫着它们的名称。家里来了客人，亚瑟是他在第一次加勒比海旅行中结识的心理学家，艾尔是一位财务顾问，20 世纪 70 年代他和父亲在长岛的一栋联排别墅中相识，还有查理，他从小最亲密的朋友。他们在一起聊天，和亚瑟聊女人，和艾尔聊股票市场，和查理聊摩托车。（他和查理两人曾在 20 世纪 50 年代凑了一笔钱，合伙从一位年轻的演员史蒂夫·麦奎因那里购买了一辆摩托车。）但是当有东西从头顶飞过时，父亲的回忆立刻终止了。

对于父亲的技能，他们所有人都带着点好玩、嘲弄和怀疑的态度。似乎不可能有人能识别出从头顶一百多米高空飞过的鸟。

“你肯定不知道它们是什么，理查德。”父亲的一位朋友曾经说，“你只是在瞎编。”

父亲知道羽翼的形状和飞行模式是非常可靠的远距离辨识标志，但他没有回应。我想他认为这种嘲弄有点无礼，但他从来没有发作。观鸟者们常常会用出人意料的行为来中和观鸟爱好带给人们的柔弱温和的感觉。父亲打过青年橄榄球赛，而布雷特·惠特尼则是明星棒球选手。

我知道，父亲明白自己在看什么，但是在我生命的大部分时间里，我真的不明白为什么他会一直和鸟待在一起。某种程度上，我知道那就是他想要做的事情，但我不能说自己很喜欢这一切。我更愿意花时间陪父亲看电影，或者在纽约唐人街闲逛，而不是去探索荒凉的沼泽和海岸，这似乎不是合适的父子活动。每次父亲透过双筒望远镜观望时，似乎都会将视线从我身上移开。

屋子的后院，对于观鸟者来说是个零起点，无论是高手还是普通人都在那儿看着山雀围绕喂食器飞来飞去。“后院清单”是观鸟者统计中最常用的种类，将一个新鸟种加入清单会让人兴奋不已。这不是富有异国情调的经历，像在巴西雅乌国家公园那样，在那里我和父亲成为第四和第五个看到最新发布的委内瑞拉蚁鸟的人。相反，增加后院清单的鸟种更像是吃一块自家制作的苹果派。观鸟者的后院是一个舒适且井井有条的地方，拥有精心挑选的植被、喂食器和水源。这些伊甸园的领主们有什么理由不对自己的领地进行调研呢？

在线搜索“后院清单”，会发现 10,000 多个不同的网页。在这些个人清单中，有些只是基本的文字和数字，有些则提供照片、鸟种历史，以及单个鸟种的数量。有些观鸟者看到过某种鸟一次，就不再把它列为目标，另一些人则想确切地知道一生中有多少只红尾鵟从他们的院子上空飞过。

有这么多的后院观鸟者认为需要与其他人分享他们的统计数据，这是这项活动最令人好奇的地方。你没法将一个后院清单与另一个进行比较，因为没有谁家的后院是一样的。而且后院清单是未经审核的，没有身为鸟类学家的导游、领队或观鸟同伴来检验你的准确性。这与个人清单正相反，只有你努力研究过最新的层级分类，你才有权利确认那些还未正式拆分的鸟种。

这就是说，大多数后院清单的发布者在某个时候可能已经意识到了规则的存在，其基本方法与任何类型的鸟种计数都是

一样的。你需要确认自己所看到的。要非常肯定，“也许”“可能是”都不能算，尽管许多后院观鸟者倾向于统计上那些“可能的鸟”，日后或许再加辨认。比如，一只“可能”的鸟是稀有鸟种，而观鸟者只是在院子里匆匆瞥见，如果几个小时后他能在街上更确切地看到，他会允许自己将这种鸟打个钩。大多数后院清单将内容限定为在自家院内或者上方看到和听到的鸟，有些则会包括从屋内往外看到的鸟，即使并不是从头顶上径直飞过。有些时候，后院清单的制作者自己说了算：“这是我在自己家里看到的所有鸟类的清单，我知道这可能扩展了一些后院清单的规则，但这是我自己的清单，我自己制订规则。”一位缅因州波特兰市的观鸟者在他的线上观鸟报告中写道，他的清单上有 64 种鸟。有 64 种鸟的后院清单确实不是很大，但是你能在网上找到更小的清单。为什么要发布这么小的清单？我想到了意大利山丘小镇中那些小小的城堡，即使是最破败的宫殿也是有人绝对统治过的地方。

保持一份后院清单，是一项日益流行的活动。美国奥杜邦协会估计，有 6000 万美国人这样做。这种趋势的一个延伸是观鸟商品大量增加，在“鸟类商店”里出售，店铺里充满花或松针的气息：针对一无所知的初学者的识别手册，喂食器和种子，毛绒玩具和鸟类雕像。还有“鸟鸣时钟”，上面有 12 种不同的鸟——家朱雀、旅鸫、小嘲鸫、冠蓝鸦、莺鹪鹩、美洲凤头山雀、橙腹拟鹂、哀鸽、黑顶山雀、北朱雀、白喉带鹀和白胸鳾——用它们独特的鸣唱来标记时间[1]。尽管

① 不算书籍的话，鸟类时钟是有史以来最受欢迎的鸟类相关商品。还有一种系列产品：鸟鸣时钟二号，它弥补了原来产品缺少美洲东部鸟种的缺憾，这款时钟的 12 种鸟中有三种是西部鸟种。新的 12 种鸟分别是红尾鵟、橡树啄木鸟、棕胁唧鹀、猩红丽唐纳雀、暗冠蓝鸦、东美角鸮、黄腹吸汁啄木鸟、靛蓝彩鹀、玫胸白斑翅雀、三声夜鹰、秧鹤和普通潜鸟。——作者注

时钟的声音有点刺耳，但鸟鸣声是真实的，均来自康奈尔大学的麦考雷自然之声图书馆，布雷特·惠特尼曾为该图书馆提供了 5000 多个音频样本。父亲在院子里看到过钟表上所有 12 种鸟。我曾经发邮件给父亲，询问这 12 种鸟之间的关系，想给父亲出难题，他半分钟之后就发回了我答案。

后院清单是十分个人的，需要耐心。抬头凝望，消耗的不仅仅是时间。几年来，一对黑嘲鸫持续返回到父亲的院子，还有几只旅鸫和蓝冠鸦。父亲说他对鸟儿归来并没有多少感动，尽管他立刻就行动起来，开始诱捕任何可能捕食这些鸟儿的野生哺乳动物。他用人性化的捕笼来抓获它们，然后将它们释放到州立公园里去。

后院清单还为人类与自然界的互动提供了一些有趣的经历。父亲的游泳池不仅可以娱乐，还可以创新：乙烯塑料的泳池盖，是迁徙水鸟的小小诱惑。冬季，有些鸟落在游泳池盖子上的小水洼里；秋季的夜晚，有些鸟从水面捕食昆虫。想尽办法让鸟类进入自家院子，是庭院观鸟者自己制订规则的又一途径。

后院清单随着人的年岁一起增长，增长的速度随着时间的流逝又逐渐变慢。25 年前，当父亲搬进东汉普顿那幢简陋的有点摇摇欲坠的房屋时，他估计一生中能在这里看到 200 种鸟。他住在一条路的尽头，路边现在都是渔夫的棚屋；他的房子原先有两间小卧室，而前房主用作美容院的一个地方改造成了第三间。这幢房子最吸引人的地方是占地很大，包括一小片树林和总计达 4000 平方米的空地。他住进房子后的 12 个月里，就看到了 60 多种。但之前 10 年里，他的后院清单总共只增加了

18 种，有些年份完全没有新增。我写这一章时，他的后院清单总数为 198 种。（当我对文字进行最后修订时，他正在等待增加一种。他在后院听到了他认为是白眼莺雀——一种在长岛越来越不常见的鸟——的声音，但是这个声音有点不对劲，他也没有看到那只鸟。它的名称用铅笔写着，在清单上待了五天，直到父亲最终遗憾地抹掉了它。对于资深观鸟者来说，这是一种少有的不确定的时刻。）

后院清单自然地延伸扩展，扩展到县清单、市清单。如果你对此更有兴趣，可能会想有一份整个州的清单。某种程度上，你既是一个观鸟者，也是一个清单记录者。大多数情况下，二者划分很不明确，因为这两类活动几乎是不可分割的。大多数人发现，一旦开始记录清单，就很难停下来，但从维护清单转变到竞争性、竞赛性的数鸟相当罕见。

不同时期，父亲保持了几种不同的清单，以及他在特定区域——某些野生动物保护区或栖息地——的观鸟记录。他按照出行旅程、国家和大陆分别统计。有些观鸟者也喜欢按照属或科来统计，某些人则只追逐特定鸟种。蚁鸟很受欢迎，猛禽也是。弗吉尼亚州的莫顿和菲利斯·艾勒夫妇非常了解蚁鸟及其鸣唱，他们花费了大量时间分析这一类群鸣声的新录音。他们解释说，在这么多相似物种间进行分析这件事吸引了他们，就好像有些人喜欢玩没有完整印刷图像为依据的拼图。猛禽爱好者则更为享受观鸟的过程。当我在爱达荷州的蛇河上看到草原隼以每小时 160 千米的速度俯冲时，我明白了为什么船上其他观鸟者（都是有经验的观鸟者），虽然已经多次看过类似场景，却总是看不厌。鸟类手册作者肯·考夫曼提出了自己的理论，他说我们会选择“气质最像我们自己”的鸟。如果事实如此，这些全球跑的观鸟者身上的躁动反映了一种流浪感——几乎是无家可归的感觉——但也是一种征服一切的威严。

你也可以自己发明异想天开、无法解释的计数法，如计数在动物园或宠物商店中看到的鸟。父亲生病无法出门时，在《战士公主西娜》中西娜身上看到了一只红尾鵟，因此他思考了一下我关于统计在电视上看到的鸟的建议。最终，他表示反对。“你不能计算那些不算数的鸟，”父亲说。但这也从来没有妨碍他大声喊出在喜欢的电视节目中看到的鸟的名称。

竞争最激烈的清单是北美鸟种个人记录。多年来，这一数字一直稳定增长。目前的领先者是佛罗里达州的丹·坎特伯雷，他看到了美国观鸟协会正式定义的“北美地区”鸟类列表中的1731种。美国观鸟协会指出：“北美地区包括阿留申群岛，在白令海中央与欧亚大陆隔开，这条分割线的北美一侧包括阿图岛、圣马修岛、圣劳伦斯岛和小迪奥米德岛，欧亚大陆一侧包括麦迪尼岛（位于指挥官群岛）、西伯利亚海岸和迪奥米德岛。北美地区包括格陵兰岛、太平洋和大西洋沿岸约220海里的相关岛屿、巴哈马群岛、位于尼加拉瓜与牙买加之间的所有珊瑚礁和岛屿、格林纳达和巴巴多斯，以及大小安的列斯群岛（但不包括特立尼达多巴哥及隶属于南美地区的加勒比岛屿）；包括整个巴拿马，并延伸到加勒比海的中央，直至南美洲及其相关岛屿。”对其他四个大陆，美国观鸟协会和相关附属机构也有相似的“官方”描述。

这些边界也具有生物学意义，尽管美国观鸟协会公布的确

定区域标准听起来更关注程序，而不是科学的严谨：一个区域被定义为包括所有内海和该大陆约220海里以内的相关岛屿。此外，从海岸线和相关岛屿向外再延伸约220海里的远洋地带，或者海洋中到达另一大陆或相关岛屿距离的一半，先到哪个就以哪个为标准，也包括在该大陆中。远洋地带的鸟类是世界上最难发现的，对于超级记录者们来说也是如此。有数十种这样的鸟，被列为世界上最不可能看到的鸟。（曾有一种名为荒岛秧鸡[①]的鸟在距开普敦以东约2824千米、南极洲以北约3541千米处的一个小环礁上被发现，这种鸟的名称来自其所居住的岛屿。这种鸟的英文名字 Inaccessible Island Flightless Rail 的前三个词准确提示了距离有多遥远。这种鸟不可能从那里去往任何别的地方，进化已经剥夺了它们企图逃离的任何物理方法。）

弄清楚在哪里计数比学习如何计数更容易。鸟类清单不过是数字的简单扩展而已。官方机构有一套处理计数的方法，而超级记录者们也有他们修改比赛规则的方式。1983年，美国观鸟协会首次尝试准确描述怎么才算一种鸟的目击记录，并于1992年依此修订了规则，引起了很大争议。允许打钩选择的正式要求只有五条，但其中所包含的科学依据、竞争规则和争议，每个观鸟者都会碰到。

美国观鸟协会规则的第一条是这样的："当遇到鸟时，它必须在规定的区域和时间范围内。"在此规则之后，明确了"范围内"的定义。在参加"得克萨斯观鸟经典赛"时，我首次了

---

① 荒岛秧鸡（Inaccessible Island Flightless Rail），其英文名的意思是"无法到达的岛上不会飞的秧鸡"。——译者注

解了这种计算方法。比赛时，观鸟团队将参加为期五天的马拉松式观鸟比赛，以尽可能多地寻找得克萨斯州墨西哥湾沿岸鸟种。在里奥格兰德河北岸，我们的团队走进一个潮湿的沼泽地，沿着满是铁丝网和九重葛（一种植物）的泥泞小路前行。在平静的水塘前，队友们记录到了一只斑腹姬鹬、一只大尾拟八哥和一对哀鸽。这时，我在对岸看到了一只水鸟，一种燕鸥。“那儿，”我喊道，“燕鸥。”

“红嘴巨鸥，”我的队友说，但是他没有记录下来。得克萨斯州经典赛遵循了美国观鸟协会的规则，无论你站在哪儿，国界另一侧跳来跳去的鸟都不可以成为你所在国家和地区的记录。

我站在那儿，试图用意念敦促那只鸟进行传说中的穿越国界，但是燕鸥反而向南飞走了。回到车上，我觉得美国观鸟协会的规则既愚蠢又反复无常。但是自那时起，我开始尝试理解规则的必要性。当然，规则就像鸟名或者国界线一样也不是那么明确，但是，从某种程度上说，如果我们不遵守观鸟规则，观鸟计数也无从谈起。

另外，规则并没有完全禁止我记录这只鸟，规则要求：“‘在范围内’意味着观察时这只鸟必须在规定的区域内，但是观察者本人不一定待在那儿。”

红嘴巨鸥现在是我墨西哥清单上的鸟种之一。我还是不太想称它为一个清单，我没有收获多少，它更像是一小段回忆。然而即使只是一段记忆，我仍然遵循了美国观鸟协会的规定，注明这只是我在国界线以南看到的，以防有人问我。

美国观鸟协会的第二条规则与科学的关系最密切，它与生命本身的定义也最接近。在这个方面，更繁重的工作留给了像

美国鸟类学家联盟这样的权威机构。这一部分的规章制度也是最多的，有六个主要部分和四个子部分。该规则涉及的内容是所有观鸟行为和鸟类学的核心——物种的定义——它的开头听起来很简单,但接下来仿佛堕入迷宫:“鸟作为一个完整的物种，其分类状况及其可计数性，是由该鸟的物种分类标准决定的。”由于不同地区使用不同的分类标准——美国观鸟协会是北美的权威，它针对范围以外的区域使用克莱门茨或 AOU 列表[①]——因此美国观鸟协会的规则继续写道：“在美国大陆上看到的两只鸟，根据州列表和美国观鸟协会列表会被记录为同一种，但根据国际列表可能会被记录为两种，反过来也是一样。”这可能会让清单记录者们感到某种程度的诱惑。吉姆·克莱门茨回想起来，他发现黑嘴喜鹊和该鸟的欧洲版本并不相同。大多数看过这两种鸟的鸟人都知道，它们外观相同，但是叫声有所不同。全世界许多观鸟的人选择将这类鸟视为两个不同的种，但是美国鸟类学会和美国观鸟协会直到 2001 年才将这种鸟拆分为美国种和欧亚种，此时克莱门茨才在个人清单上把拆分种加了上去。“我很想加上去，但是我打算等到象牙塔里的学究们都搞明白了以后再这么干。”他开玩笑地说。随后他将拆分后的物种增加到他的大列表中，并正式增加了自己的清单数。

我们还没有讲完第二条规则。规则的其他部分与引进物种和再引进物种有关，通常情况是某些鸟种已濒临灭绝，因此科学家们开始对其进行圈养，以期培育出足够稳定的种群再放归野外。再引进的鸟类在种群能够自主繁殖成功之前还无法计数，

① AOU 列表，现已改名为 AOS 列表，是由美国鸟类学会（American Ornithological Society）发布的涵盖北美洲和中美洲地区的鸟类列表。——译者注

因此加利福尼亚秃鹰绝对不在父亲的清单上，它还没有能够大量繁殖成功，无法计入。此外，游隼在20世纪60、70年代的DDT（双对氯苯基三氯乙烷）危机后几乎灭绝，但现在无处不在，其中一部分是爱达荷州博伊西附近的世界猛禽中心所繁育的种群的后代。你现在能看到的游隼，不管是在偏远的地狱谷以北翱翔，还是从曼哈顿摩天大楼上俯冲下来轰炸鸽子，都可以被计数。

美国观鸟协会的第三条规则是关于所看到的鸟的状态的："当看到这只鸟时，它必须是活着的，野生的，也没有被囚禁。"第一个要求就是鸟不是死的，这似乎很自然，但几乎所有非观鸟人都会问，死鸟算不算数。你不能看到一只鸟，然后故意杀死它——这与美国观鸟协会的"观鸟道德准则"不一致，它要求观鸟者们"促进鸟类的福利及其环境"。不准杀戮的规则可以一直追溯到早期鸟类物种统计的时期，当时杀死鸟类几乎是给它们制作鸟类列表的唯一方法。埃利奥特·科兹的导师斯潘塞·富勒顿·贝尔德保存了一堆标本，而不是鸟种清单，这是他的主要记录。但是，存在一个灰色区域：如果你不小心开车撞死了鸟，那可能是可以计数的。我记得自己曾经在西班牙开车撞到一只角鸮，那只鸟幸存了下来。我问父亲是否曾经有鸟儿被他看到以后死去，他说："我看到它们以后，它们都死了。"大多数鸟的寿命相对较短，这可能是父亲一个干巴巴的笑话。不管是不是，当我指出他所见过的某些鹦鹉可以生存50年以上，而且目前仍有可能与同伴一道在丛林中漫游时，他惊呼起来："那是真的！"父亲听起来非常高兴，这暗示出他非常喜欢鸟类，他和自然紧密相连——与其他多数事物不同的是，自

然，它的终极特征就是生生不息。

第三条规则的最后一个要求也颇有道理：动物园里的鸟不算数。不过，“野生”这一条规则就比较主观。总是出现在喂食器上的鸟算野生的吗？一些鸟变得非常依赖人类，以至于改变了迁徙的习惯，出现在了它们“不应该”出现的地方，没有去南方过冬。这些鸟通常都可以计数，并没有规则说要摈弃那些只待在家里的观鸟者的计数方式，因为这是大多数休闲观鸟者建立个人清单的方式。

第四条规则令非观鸟者有所质疑，也在观鸟圈引起最大的争议。它涉及什么是可以接受的目击记录：“在遇到鸟时，记录人必须看到、听到或摄录下了足以识别该鸟种的辨识标识。”人们总是想知道，观鸟者如何确定他们所见过的鸟类——和那些质疑父亲的人一样——观鸟者能从远处迅速发现并辨识鸟类的能力，这让非观鸟者十分困惑。

这个部分就取决于个人信念了。第四条规则中最激怒观鸟者的部分，就是允许他们计数那些听到但未能看到的鸟种（这是 1992 年的补充细则）。的确，对于鸟类和人来说，听觉在识别鸟类方面有时候比视觉更可靠。如果你去热带地区，肯定会使用声音来辨识。想象一下，在秘鲁的热带雨林，你在探索者旅馆附近散步，这是世界上最受欢迎的观鸟胜地之一。那既是一个旅店，又是一个研究站，位于秘鲁东南部坦博帕塔国家自然保护区的中心。它拥有世界上最大的“后院清单”：已有记录的鸟有 600 多种，蝴蝶有 1200 种，且还在增加。如果你的兴趣是蜻蜓，可在附近发现 175 多种。在雨林中，通过鸣声识别物种是很正常的。鸣叫也是鸟类的行为方式，与飞过去近距离看一看相比，通过听觉来发现和选择配偶更加安全有效。

争论认为，如果鸟类使用声音来识别彼此，那也应该允许人类做同样的事情。规则的改变与布雷特·惠特尼在科学领域的见地，本质是一回事，可惠特尼本人没有回应观鸟者如何计数的问题。“我让客户自己来决定，”他说，“我只是把鸟指给他们看和听。”

尽管如此，许多观鸟者还是拒绝将他们听到的鸟类加入清单。父亲是这样，菲比·斯内辛格也是如此。她不赞成 1992 年的规定，因此她不再向美国观鸟协会提交清单。这种不赞成违反了第五条规则，此项规则要求观鸟者们遵守前四条规则。如今，最多产的观鸟者彼得·凯斯特纳也拒绝计数那些听到的鸟类：“我们认为，在林子里观鸟时通过声音识别，出错的可能性太大了。当人们不知道某种鸟的叫声是怎样时，就算知道鸟在何处也容易弄错。”他说，“毕竟我们是观鸟者，不是听鸟者。”

如何观鸟？如何计数？当你谈论鸟类、观鸟和鸟种计数时，这是每个人都会问的问题：“但是，你怎么知道人们是诚实的呢？你怎么能证明自己看过这么多种鸟呢？”这是严肃的观鸟者们偶尔会偷偷讨论的问题，但对那些坚持不懈问这类问题的人来说，确实没有令人满意的答案。在局外人看来，大多数观鸟行为都建立在一种荣誉体系之上。观鸟者独自一人追求自己的爱好，就算那些与团队一起出行的人，也会在单人出行中看到大量鸟种。

人们很容易说鸟人是地球上最有荣誉感、最正直的人，但

这可能并不完全正确。

总有些事情使一些观鸟者受到质疑。

首先，如果你是超级记录者，你可能需要进行观鸟旅行。因此，世界上最好的鸟类学家——还有你的竞争者，会一直关注你。其次，如果你想蒙混过关，你就很有可能在科学性上犯错，有一个观鸟者——我不能说出他的名字，关于他私下的传闻还没有得到证实，然而总体来说，他的名字已从高手清单的记录中删除，因为他曾经轻率地宣称自己的鸟种数已接近8000种，在几家大的观鸟旅行公司还没能覆盖那么多地区之前，他已独自完成了许多观鸟活动。但问题在于，他报告的一些鸟类甚至连专家都没有看到过，或者在某些情况下还不知道它们的存在。当他声称自己的鸟种超过8000种时，传闻的声音变大了：他都是编造的。

结果呢?

此人立即被排斥了。没有人再提到他，他被放逐了。

还有一个更微妙的审核过程，类似得克萨斯观鸟经典赛中使用的。

在四天的行程结束后，我们来到墨西哥湾小镇阿兰萨斯港的假日酒店，这个小镇在路易斯安那州边界以南，是著名的摇滚女歌手贾尼斯·乔普林的家乡，大街上有她的塑像。我们得把鸟种清单交给评委，这时我们遇到了一个颇有怀疑精神的自行车骑手，他问我们所有人都带着双筒望远镜在做什么。我解释完以后，他皱着眉说："真的吗？计算鸟种？"他停了一下，靠在酒店的前台上，"你是说，像秃鹫这类玩意儿？"

是的，所有的观鸟比赛——全球性的，地区性的，或者有时间限制的比赛——都有正式的鸟种列表。得克萨斯州列表上共有 360 种，包括两种秃鹫。列表上的鸟都是普通鸟种，参赛者都有可能看到。比较麻烦的是另一张表，123 种得克萨斯州审查鸟种。如果报告其中一种鸟，需要提交一份稀有鸟种报告表。两张列表中都没有的鸟种，则需要其他文档的支持——通常是照片。如果评委没有获得有说服力的证据——这类事情并不罕见，几乎每支队伍在最终计数中都会被去掉一两种鸟——就可以否定这一目击记录。

如果你选择将自己的个人清单提交给美国观鸟协会，虽然没有正式的评委小组，但会有类似的审查形式——数千名兴致勃勃的美国观鸟协会成员，个个都有浓厚的好奇心。人人都能看到的常见鸟通常不会受到质疑，但是越稀有，就越容易引来严格的审查。有些鸟在某些地方是不可能出现的，尽管总有一些观鸟者声称见过它们。

与彻底的欺诈相比，持续的辨识错误是一个更大的问题。就算鸟类学家也会犯错。近年来最著名的事件之一发生在 1999 年 4 月，当时路易斯安那州立大学一位鸟类研究人员报告说，他在路易斯安那州的珍珠河附近看到一对象牙喙啄木鸟。这种非同凡响的鸟堪称神圣：人们认为它们已经在 20 世纪初灭绝了，但在 20 世纪 50 年代被重新发现，然后又消失了。这种半米多长，长着大红冠和锤子一样大嘴的鸟有一个绰号，叫作“上帝之鸟”，因为传说中人们看到这种鸟时都不禁叫道：“上帝啊！”康奈尔大学和路易斯安那州立大学的科学家们开展了一个寻找这种鸟的项目：2002 年 1 月 17 日，科学家们将十几个独立的远程录音机放置在河湾深处，打算监听一个月。

1月27日，有事情发生了。下午3点30分，在收集了4000多个小时音频后，驻扎在附近一个棚屋里的研究人员惊讶地听到了两声响亮的回响——哒！哒！在某些人听来，这很像以前录制的象牙喙啄木鸟的声音。消息很快传开了，甚至《纽约时报》也报道说，这次搜寻可能有了惊人的发现。音频样本被送到康奈尔大学进行分析，还送给了包括布雷特·惠特尼在内的几位鸟类学家。

为了重新发现“上帝之鸟”，人们付出了巨大的努力。两所大学和一家望远镜制造商对此进行了大量投资，为此开发了新的技术。搜寻项目经过广播、电视和全国性报纸的报道，极大地激发了公众的想象力。但是，包括惠特尼在内的许多鸟类学家都不相信这件事。

“人们希望这是真的。”惠特尼说，“我也希望如此。”

可事实却并非如此。惠特尼一听录音带就知道了。他认得那种遥远的有回响的声音，他能理解人们为何会误认。象牙喙啄木鸟会发出独特的“哒”“哒”两声，一种不同于其他北美啄木鸟的声音。门外汉很容易犯这种错误，但惠特尼从小就打猎。“那是枪声，”惠特尼说，“远距离的自动步枪射击声。”

不能确定是谁开的枪，为什么开枪。提出报告的年轻鸟类学家，真的相信他听到了象牙喙啄木鸟的声音。但是，在整个搜寻过程中，没有任何观鸟者看到了象牙喙啄木鸟，它已被正式宣布灭绝。目前在世的资深观鸟者曾经有人看到过，那时这种鸟尚未灭绝。

观鸟者们将自己的清单提交给美国观鸟协会以后，也会经历这样的审核过程：虽然不太可能会进行某项重大考察来审核你最罕见的发现，但你可能会损失掉某些鸟种，或者至少会受到询问，你需要提供证据。

从本质上讲，观鸟是一项需要自律的活动，太复杂，太多变化，你无法一直说谎。你会被观鸟的同伴和向导问倒。他们可能无法检查你的具体记录，但他们会很快知道你是否诚实。如果不是，消息会传播开来，你就完蛋了。

当然，不一定非要认识每一种看到的鸟才能获得一份庞大的个人清单。有一位观鸟数极高的人——哈维·吉尔斯顿，英国人，在退休前观鸟已接近 8000 种——他以在观鸟旅行上花了很多钱却几乎不认识什么鸟而闻名。他与鸟类学家和观鸟团体一起旅行，当一个鸟群绕着树乱哄哄地盘旋时，他会仔细听向导喊出的那些鸟的名称，并记录下来。在那些偏远地区所观得的那些鸟，吉尔斯顿认识的可能还不到四分之一。但这没有关系，他看到了这些鸟，对他来说，一切都只是数字。吉尔斯顿还统计各种飞机的注册号码。

“他的确看到了鸟，”布雷特·惠特尼对我说，他曾带领吉尔斯顿参加过许多观鸟之旅，“尽管他不知道那些是什么鸟。”

清单有不同的形式。父亲的基本数据保存在精装本的克莱门茨名录中。随着鸟种拆分的不断增加（包括少许的合并），每次进行修订时，父亲都会不遗余力地重新标记。不过，他的核心内容都在笔记本上——记录着他一生中的每次观鸟旅行和去过的地方，他一直保存着这些笔记本。每次旅行前，父亲都会收集他需要的当地手册，列出每次旅行的“目标鸟种”清单，清单里包含了每只鸟的特定识别特征。对于团队旅行，构建此

清单的关键要素是以前团队的旅行报告，这是可能看到的鸟种的最佳指标，尤其是可能出现的新鸟种。过去，这些信息的来源几乎一直都是那种超厚的书籍，上面详尽列出世界上存在的鸟和各种细节特征。近年来，互联网使得查找大量鸟类的信息变得容易了许多，人们既可以通过旅行者发布的个人区域记录来了解鸟在哪里，也可以通过大量的观鸟日记和照片来了解这些鸟的样子，最近还增加了很多音频和视频内容。

菲比·斯内辛格的系统更为复杂。她做了类似的准备，为每次旅行建立一个笔记本。她的清单主要体现为一个纸质归档系统，其中包括用颜色编码的索引卡，上面标着每个鸟种、亚种和最终的目击信息，还有网格纸，用于比对克莱门茨名录和其他世界鸟类列表。

第一代观鸟者都没有电脑。列表软件使跟踪数字、拆分和合并更加容易。现在也可以使用软件来制作父亲和他的同伴们以前手工制作的那些迷你手册。例如，彼得·凯斯特纳每进行一次观鸟之旅都会制作一个简洁的电子版鸟种列表，这些鸟是他可能会看到的。所有鸟种都通过不同字体或识别符号进行编码，分为以下类别：必看鸟种，目标鸟种，可能性不大但仍有希望的鸟种，已经见过的鸟种，该国家新增加的鸟种（但不是个人新鸟种），等等。

我写这本书时，父亲的世界观鸟之旅暂停了——他的健康状况妨碍了他的出行——但他仍然通过拆分增加了近百个鸟种。菲比·斯内辛格已经去世五年了，但一位鸟类向导一直保存着她的清单，以表示对她的敬意。这不仅仅是对逝者的哀思，更是超级清单的伟大之处——观鸟者可能会放慢速度，停止观鸟，甚至死亡，但他们的清单永远存在。这是他们努力的成果，也是他们生命的结晶。

第 11 章　越来越多

1984 年春天，我帮“守望地球”机构带领一个小组到中国的扎龙丹顶鹤自然保护区工作。5 月 5 日，我看到地面上有一只小雀鸟，上半身呈褐色，腹部发白，翅膀和尾巴呈棕褐色。起初我以为是某种鸫、石䳭或者红尾鸲。然后我注意到它的喉部有一个水平状的白斑，在白斑的两侧还有一个小蓝点。这与《日本鸟类野外手册》中的任何鸟都不一样，这本手册是当时仅有的能用于中国东北地区的观鸟手册。因此那只鸟是个谜。那年下半年，两本有关中国鸟类的书籍出版了，可是都没有很好的插图。经过一番查阅后我发现，这只神秘的鸟要么是雌性的棕腹大仙鹟，要么是棕腹仙鹟，这两种鸟都属于中国南部和亚洲南部森林地区的鹟类！所以说，这只鸟出现在了其正常范围以北 1600 千米的地方。对亚洲的迁徙鸟类来说，春季的超范围分布是一种普遍现象，在阿留申群岛的阿图岛出现的许多亚洲鸟类就很好地说明了这一点，这些迷失的鸟也会出现在其正常栖息地以北很远的地方。

—— 棕腹大仙鹟（*Niltava davidi*）

1984 年 5 月 5 日，中国扎龙自然保护区，#2375

父亲说："我要成为超级纪录者。"在独自去了加勒比海之后，父亲开始考虑他可以寻找鸟类的其他地方。他参加了几次"守望地球"组织的旅行，虽不是专门去观鸟，但作为志愿者协助科学家们在塔斯马尼亚和伯利兹进行生物学调查期间，父亲也新增了近 200 种。他的逐鸟狂热肯定已经开始。他不仅在旅途的"正式"阶段添加鸟种，还在途中通过飞机舷窗和休息室的窗户观鸟。在斐济、奥克兰、墨尔本和悉尼转机时，他又增加了十几个鸟种。

但最终，似乎是肯尼亚带给了他比任何想象都更接近梦想的生活。

1982 年夏天，我在东汉普顿度过了大部分时光。我在当地一家报纸担任记者，为我大学生涯的最后一年做准备。父亲钻研鸟类书籍可比我勤奋多了。几乎每天下午，他都坐在厨房的桌边，周围摆满厚厚的鸟类参考书籍。这些书都太大了，观鸟出行时不方便携带，而且当时肯尼亚没有现成的野外鸟类手册，所以父亲给自己做了一本书，他在笔记本中画出他希望看到鸟的大致画像，并用彩色铅笔给它们上色。父亲认为自己的这些图画"蠢极了"，但我认为它们很可爱，它们足够好用，能让你感受到每个小图像所代表的期望。

1982 年 10 月 22 日，父亲启程前往肯尼亚。这是他第一次由真正的鸟类学家做向导的旅行，他几乎立即感受到了有人向他展示隐藏在丛林深处的鸟类所带来的优势。父亲回忆道："威尔・罗素（Will Russell）是我遇到的第一位超级鸟人。他熟悉鸟类的鸣声，知道鸟类的野外识别方法，很了解鸟类。我曾经认为自己认识一些很棒的观鸟者，但是他们和他完全不在一个等级。”罗素至今还带团观鸟；和布雷特·惠特尼一样，罗素也是一个约 50 名资深鸟类学家组成团体中的一员，他们可以通过带领别人观鸟来谋生。

肯尼亚之行一开始，就令人瞠目结舌。第一天，父亲看到了 62 个新鸟种。环球观鸟的复杂性不言而喻，整理各种列表和手册，评估拆分和合并，这都需要一些竞技技巧。克莱门茨名录的分类法与父亲自制的野外手册中使用的非洲参考书的分类法不同，东非自然历史学会（East Africa Natural History Society）也拥有他们独特的本地物种统计数据。超级记录者有时会选择使用单一参考来源，有时候他们会广泛涉猎。这并不意味着他们会挑选不同的参考资料，以得到最大的鸟种数。相反，这样做的目的是找到适合特定区域的资料，以最好的方式帮助判断当前实际看到的鸟种。在第一天观得的 62 个鸟种中，父亲自主决定添加上黑翅鸢。根据当时的美国鸟类协会的世界名录，该鸟种与美国本土的白尾鸢属同一种。这种鸟看起来很有意思——它几乎完全静止地在猎物上空悬浮，然后准确地俯冲下来进行捕杀。

父亲看到肯尼亚那只鸟时，他总结道：“这不可能是同一种鸟，我决定将其单独列出。”这是父亲第一次自己决定要拆分。如今，包括美国观鸟协会在内的每个主要机构都已将它们视为两种不同的鸢。

所有这些都是在抵达非洲后 24 小时内发生的，而旅程还有整整三个星期。团队继续前往内罗毕，然后是涅里，在那里他们可以看到远处白雪皑皑的肯尼亚山。在梅鲁国家公园，也就是乔伊·亚当逊写下《生来自由》这本书的地方，父亲又增

加了 100 多个新鸟种，这里是世界上最受欢迎的野生动物观赏胜地之一。他不止一次地注意到克莱门茨手册与东非自然历史学会提供的手册之间的差异。并不是说他觉得一个比另一个更有权威，而是正好相反，他喜欢有差异的观点、复杂的计算，以及他在学习专业知识后所感受到的游刃有余。事物越是复杂，他就越是享受——尤其是因为他探索的动力源自现实的冒险，这可以通过他不断增加的鸟种数来衡量。

现在，有组织的观鸟旅程已经相当受欢迎——即使是不那么执着的观鸟者，也可以轻松欣赏壮丽的风景和不寻常的鸟类。但在 20 世纪 80 年代初，几乎每一次观鸟旅程都有超级记录者的身影。之后的几年，父亲遇到许多和他一样痴迷观鸟的竞争对手，大家都在追逐达到 7000 种甚至更高的鸟种数。在肯尼亚之旅中，父亲还遇到了一对英国夫妇，迈克尔·兰伯思和桑德拉·费希尔。去肯尼亚之前几个月，他们在苏里南的一次观鸟假期中开始数鸟。与父亲不同的是，他们是更纯粹的追鸟者，其主要兴趣是数字，胜过鸟类。父亲很快注意到了这一点，觉得有点奇怪，但也很有意思。“桑德拉善于寻找鸟，”他说，“但他们俩并不是每种看到的鸟都认识。”双人联名清单也很浪漫：“如果两人没有都看到某种鸟，它便不能出现在他们的清单上。”[①]

---

① 我希望自己可以写下更多有关兰伯思和费希尔的事情，但是据说费希尔已经去世了，兰伯思则不再观鸟。我几次尝试与他联系，但是他的沉默——我得到的唯一答复——使我相信，他这一生的观鸟生涯已永久而悲伤地结束了。从某种意义上讲，这也是对观鸟痴迷的见证：本质上，一项全力以赴的追求，过程中并没有留下什么，但当它结束时，可能会带有毁灭性的力量。——作者注

父亲常常独自观鸟。他喜欢那样。他更愿意落在队伍后面，抽根烟，靠自己寻找尽可能多的鸟。肯尼亚之行的最后几天他是在索科克森林中度过的，该森林是东非最大的干燥型沿海林地。作为鸟类栖息地，它与肯尼亚其他地区截然不同，包含了其他地方看不到的一些鸟类。父亲错过了较难看到的肯尼亚角鸮和东非鹨。它们都是超级记录者们希望收入清单的鸟，也一直是观鸟成本较高的鸟，通常需要去几次才能看到。但是父亲并不在意，他在旅途中添加了 517 个新鸟种，这已经足够了。在返回纽约的飞机上，他不断浏览旅途清单和自制的笔记本，反反复复地计数。他迫不及待地想回到家中，在他的克莱门茨名录上做标记。“我坐立不安，”他回忆道，“那种兴奋，那些数字，我感觉就像是第一次观鸟一样。”

整个世界都向他敞开了。

父亲离开肯尼亚后发生了一系列事情，这些事当然不是预先计划好的，但它们之间似乎有一定关联，仿佛是命运在给父亲一个信号，表明他现在可以安心地将生命奉献给观鸟了。我快 21 岁了，预计 1 月份大学毕业。吉姆 19 岁了，也在上学。虽然父亲要为我们俩支付上私立大学的费用，而且仍然每月给母亲生活费，但可以看到这些经济负担快到头了。母亲的恋爱生活很稳定，也算很健康。父亲问我母亲是否会再婚，这样他就不必每月给她寄支票了，我回答会的。几年后她确实再婚了。我知道母亲可能再婚的消息让他有点受伤，但他忽然发现了一个值得高兴的理由：他可能还爱着的女人已无可挽回，但他有钱去追求另外的东西了，这种追求完全占据了他的心，任何浪

漫关系都无法与之相比。父亲也在约会，他与朱迪思的关系看上去很不错，他们在一起度过了很多时光，但是父亲几次告诉我他并不爱朱迪思，而且永远不会。父亲的情感里混杂着很多东西：他为终于有机会可以做自己想做事而高兴；他为不想进一步发展和朱迪思的关系而感到内疚；他为母亲做了该做的一切可是他们的关系还是以失败告终，那种感觉完全不可理解又挥之不去。我认为，早期这些观鸟之旅让他那么高兴，部分原因是他可以摆脱这些矛盾的情感。他也担心，就在他可以开始独自观鸟，并且不会让任何人失望的时候，会被恋爱关系和“正常”生活的希望所吸引。一份鸟种清单并不能替代所有这些东西，但它可以吸收掉这些情感，使它们模糊不清。

感恩节快到的时候，过去的另一个阻碍也消失了。

20 世纪 70 年代中期祖父去世后，父亲将祖母从第 141 路安置到一幢花园公寓里，离他只有几个街区。祖母的姐姐莱昂妮就住在街对面，两位老人可以互相照顾。她们一直希望父亲再婚，她们也从未理解母亲为什么离开了他。父亲从来不说，但我认为祖母开始让他倍感压力。父亲对她的怨恨开始浮出水面。她的听力渐渐不大好了，而父亲在电话里经常声音尖锐。有一次，我提醒了他，他让我少管闲事，然后怒气冲冲地拿起双筒望远镜冲进了后院。我想父亲从来没有意识到，他有权利发怒，因为责任感和父母的期望吞噬了他的个人意愿，这种愤怒并不代表他不爱或者不能原谅。

此时，这一切情感都急切地浮现出来。祖母罗丝刚满 85 岁时跌倒在公寓里。她被送往医院，髋关节骨折。我正在加利福尼亚州和一个朋友一起度假。我飞回了家，等我赶到布斯纪念医院时——医院位于主街上，是父亲十几岁时进行树林观鸟的地方——她只能靠机器维持生命了，而且意识全无。在医院时，她中风了。

第二天，我和父亲一起去探望她，他的坚忍让我感觉他很“英勇”，也很悲伤。后来当我开始准备写这本书时，父亲才告诉我祖母死时的真实情况。进入医院后，她接受了血管导管插入术，父亲认为这是不必要的手术。导管一开始插入了动脉，而不是静脉，瞬间祖母就中风了。父亲得知这个消息后赶到医院。他十分困惑，却只能接受医生的解释：中风只是巧合，这是老年人遭受重创后发生的系统性衰竭之一。直到护士无意中提到导管手术后，父亲才检查了她的脖子，发现了明显的穿刺伤口。他说：“我真的相信他们杀死了她。”祖母去世后几周里，他咨询了医疗事故律师，但找不到愿意代理的人。“他们告诉我，一个老太太的生命不值得打官司，”他说，“而且这也不能让她活过来。”

带着悲伤和内疚、解脱和困惑，父亲安排了葬礼。我知道他非常伤心，但我从未见过他哭。祖父母挫败了他的梦想，他对此感到愤怒，但也正是为了真正爱他的祖父母，他才放弃了那么多。父亲念完悼词以后，莱昂妮在我旁边耳语，告诉了我一些我不知道的事情。从那以后，这些事成为我对父亲的理解的核心部分。“有时候他看起来很严苛，但是你父亲有一颗金子般的心，”莱昂妮握住我的手说，“记住这一点。”

随后，12 月里，父亲一面安葬了罗丝，一面准备开始真正的生活。他要处理祖母相关的各项事宜，还要开始整理鸟种

清单，将他在美国观鸟协会和美国鸟类学会系统中记录的鸟类与正在使用的克莱门茨名录进行比较。他将自己的注意力转向鸟种数量，这需要更高的精确度。“我不介意减少几个鸟种，”他说，“因为把事情做对更为重要。”建立清单就是这样一项令人发狂的任务，在任务的最早阶段就必须树立荣誉感。本质上，当你明白遵守规则是这个游戏唯一的玩法时，就不需要别人再提醒你规则。他减去了克莱门茨名录合并的十个鸟种，增加了五个拆分种，还更正了两个错误的识别，最后总共减少了六个鸟种。

到了元旦，我 21 岁生日那天，他已经准备好外出冒险。他说：“我迫切感到自己需要做点什么。”他给鸟导维克托·伊曼纽尔打了个电话，问他还有什么观鸟旅行有名额。几周后有一趟去巴拿马的旅行，他报了名。他还预订了第二次墨西哥之行，以及“守望地球”的中国东北之行。

1983 年 1 月 18 日，我大学毕业。我在纽约找到一份工作，担任电子游戏杂志的编辑。我有一间公寓和一个女朋友，我和吉姆将在曼哈顿同住，我们俩的生活似乎都步入了正轨。我没有告诉父亲我有多么困惑，我的工作似乎没有什么意义，我多希望他能给我一些人生建议。可他要去巴拿马，他的个人清单上有 1760 个鸟种，那才是他的生活重心所在。在我看来，他的生活重心一直如此，只是它第一次变得公开了。

“我终于能有所作为，” 父亲说，无意中否认了他作为儿子、医生、丈夫和父亲的重要性。“我是一个追逐鸟种的人。”

追逐鸟种不是鸟类学，这一点父亲知道，鸟导知道，嘲笑观鸟发烧友的英国科学家们也知道。但是，至少在技能和知识方面，父亲不仅仅是追逐鸟种。我曾问他，年轻时他是否考虑过更专业地接触鸟类，那时他至少有机会做他想做的事。他没有直接回答，而是给我讲了他的中国东北之行。我记得他为那次旅行所做的准备，与肯尼亚之行一样，他花了很多时间绘制自己的观鸟手册。但那不是由鸟类学家带队的观鸟之旅，而是一次科学探险。与父亲之前参加过的“守望地球”活动也不同的是，那次探险是完全关于鸟的，而且和一种具体的鸟有关，是父亲真正进行科学活动的一次机会。

巴拿马之行非常成功，父亲收获了 186 个新鸟种，这使他的个人清单达到了 1946 种。父亲将要开始的中国保护区之行可能只会增加 40 种，但父亲希望通过途中的努力能增加更多。他想在这一趟旅程中使清单达到 2000 种。他在北京的酒店里增加了一种，乘火车去保护区的路上又增加了 12 种。

父亲和乔治·阿奇博尔德一起工作，阿奇博尔德代表了另一类完全不同的观鸟痴迷者，他们只专注于一个鸟类家族。阿奇博尔德很小的时候，在加拿大新斯科舍的农场里，整天跟在鸭子和鹅的后面跑来跑去。上大学时，他又迷上了鹤，最后写了关于“鹤的鸣声如何影响物种形成”的博士论文。之后十年，他周游世界，在日本、韩国和泰国建立了鹤类保护站。父亲遇到他时，他正在中国东北的扎龙自然保护区及江西省开展类似项目，旨在保护世界上最珍稀的鸟类之一：丹顶鹤。（你可能听说过阿奇博尔德，他以养育了一只带有人类印记的美洲鹤而闻名。这只名为“泰克斯”的雌鹤没有伴侣，也不会产卵。阿奇博尔德认为，这只鹤需要刺激，于是他和鹤住在一起，亲自

为这只鹤定期表演雄鹤的交配舞蹈。他花了五年时间，雌鹤终于开始产卵，然后接受了人工授精术。阿奇博尔德证明，在世界上许多地方都处于濒危状态的鹤可以被圈养。）

阿奇博尔德就是父亲喜欢的那种敬业怪人，这位鹤类专家对父亲也印象深刻。一年后，他邀请父亲第二次带领“守望地球”小组前往鹤类保护站。父亲发现中国的保护站是收获新鸟种的好去处。鹤类生活的狭小沼泽区被周边较发达地区包围，使其成为一个“迁徙陷阱”——数千米之内唯一一个迁徙鸟类能停留的地方。6月7日，父亲收获了个人的第2000个鸟种——东方白鹳。这项成就是他私下记录的，没有做任何庆祝，也没有向他的同伴或朋友和家人宣布。

追逐鸟种需要时间和金钱，父亲两者都有，但还需要一个计划。回家后，父亲查看了接下来的两年。他一开始决定每年在春季和秋季鸟类迁徙的时候进行两次观鸟旅行，可能的话再增加一些短途旅行，但他很快发现，他对自己以前的那些旅行不太感兴趣了，那些旅行的目的并不是为了观鸟。有一次在波多黎各开医学会议，父亲提前五天到达，在那儿增加了16种鸟种，包括现在快要灭绝的波多黎各鹦鹉[1]。会议期间父亲有点坐不住，会议结束后，朱迪思来和他一起在一个海滩旅游区度假，但父亲只是更加焦躁。“我想去观鸟。”他说。

他也开始意识到竞争的来临。1984年初的厄瓜多尔之旅中，父亲遇到了哈维·吉尔斯顿。父亲增加了292个鸟种，但

---

① 波多黎各鹦鹉是近年来物种保护的案例之一。森林砍伐导致这种鸟类的数量下降，到20世纪70年代中期只剩下13只。保护计划的开展使数量增加至三倍，但在1989年9月飓风“雨果”袭击该岛时，又丧失了一半的种群。如今，在野外能发现大约40只波多黎各鹦鹉，另有约100只被圈养。2004年5月，圈养种群中有五对繁殖鸟被放归野外，计划目标是未来几年内能够在野外再放飞200只。计划能否成功至少需要20年时间来验证。——作者注

吉尔斯顿让他感到吃惊。吉尔斯顿满足于让鸟导来完成所有的识别工作，自己只要在表格上打钩就好，他发誓要成为第一个达到鸟种数 7000 的人。吉尔斯顿纯粹将观鸟视为比赛，他必须赢得比赛。（吉尔斯顿也参加了由父亲大学室友乔尔·艾布拉姆森组织的几次旅行，乔尔·艾布拉姆森本人也保有鸟种数为几千的个人清单。“哈维认为我藏了好几百种鸟没有列出，”艾布拉姆森说，“他觉得如果他遥遥领先的时候，我会把这些储备的鸟种拿出来以超过他。”）

“我从未见过像他这样的人，”父亲说。但是他喜欢吉尔斯顿，他也不像有些观鸟者那样，认为吉尔斯顿只是计数，破坏了这项活动。“那只是他想参与的方式。”父亲说。

父亲数鸟并不是要超越其他人。他正在思考自己长期的追求目标，因此每年两次出行的计划很快被推翻了，增加到每年三次，然后是四次，然后是五次。他的追求也不像吉尔斯顿那样简单纯净。父亲明白，在他追寻过程中科学起了很大作用，他很关注拆分、合并和鸟种识别技巧，这些技巧能帮助他增加鸟种。父亲的第一心愿——成为鸟类学家——已经消散了，他也接受了这一点。他与科学的最后一次紧密联系是他带领“守望地球”小组第二次去中国。他喜欢这项工作，并且对中国之行中观得的 33 个新鸟种感到非常满意。他在东京机场的酒店附近又收获了 14 个新种。但是返回以后，当他得知一部分“守望地球”的客户发起了投诉时，他感到很失望。“他们说我对鸟太痴迷了，”父亲停顿了一会儿，“而我认为那才是旅行的重点。”那些投诉让他很难过，但也告诉了他一些东西：这些以科学研究为重心的旅行对他帮助不大。“这种旅行反而使

我远离了目标。”他说，“我就是想要看更多的鸟。”

父亲开始旅行观鸟的头几年，正是我最需要他的时候。在道格拉斯顿长大的我已经将父亲理想化——几乎把他当成一名超级英雄——但是我并没有充分意识到我是多么希望他待在我身边。我无法跟他谈论我在母亲家里有多不快乐。到了1984年，情况发生了变化。我讨厌纽约的工作，我讨厌我的整个生活。我当时在市中心上写作课，大多数时候我都感到束手无策、毫无希望。我想让父亲注意到我，想让他关心我。每当我向他寻求关于职业、金钱、与年轻人相处的建议，他都会迅速转移话题。他一直活在自己的世界里，这让我越来越生气。为什么他似乎总是在拒绝我与他亲近的尝试？我完全不知道他是否对我关心，我猜他是的，但他的行动没能证明这一点，我因此变得更加愤怒。我觉得自己好像没有父亲。

我与一位写作老师罗伯特·菲尔普斯成为了朋友。他是柯莱特[1]作品最著名的翻译者之一，也是一位善于鼓舞人心的老师，能激励学生创作出充满细节、富有情感和想法的文章。我在新学校参加了他为期两年的短篇小说写作研讨班。他与妻子住在格林尼治村一幢褐砂石房子里，下课后，我会顺便拜访他，听他讲20世纪20年代巴黎的故事（这也是我最喜欢的法国诗歌的年代，与父亲喜欢的年代相差30年），这些故事里常常会出现一些名人：海明威、斯坦因、加缪。欧洲开始引起了我的兴趣，尤其是因为我对在那里的生活还有很多记忆。我存了一些钱，1984年1月辞去了工作，买了一张去巴黎的单程票。

---

① 茜多妮·加布里埃尔·柯莱特（Sidonie-Gabrielle Colette），19世纪末20世纪初法国著名女作家，曾获诺贝尔文学奖提名。——译者注

我不确定要从这次欧洲之行中得到什么，我只是对未来感到迷茫，就像父亲在这个年纪时一样。

我花了八个月的时间游荡。我去了卡马格，在那里差点被洪水冲走。我又去了伊维萨岛，父母曾在那里展开婚姻的最后一战。那时，那座岛已变成舞厅遍地、游人纵饮狂欢的度假胜地。我感到孤独，但我一直在旅行，这对对抗孤独有些许作用。持续增加的毒品的量也使我日渐麻木。直到我抵达海德堡，一切才得到控制。主要是因为我的钱不多了，需要一个免费的住处，所以我在海德堡找到了母亲的一个老朋友。在那里，我第一次发现了母亲痛苦的背后隐藏着什么：她当时有外遇。当房主告诉我，父亲在外观鸟，母亲便趁机外出约会[①]时，我的脸都白了。我不敢追问细节，仅仅是母亲出轨的消息已经使我愕然。

“你不知道吗？”他问。（我怎么可能知道？我那时才六岁。）

第二天早上我离开了，我还是很惊愕。我出发前往德国和荷兰交界处的一个小村庄。一个荷兰朋友住在那边的一幢矮房子里。后面两个月的事情我不太记得了，只有突然闪现的片段。大部分时间我都在昏昏沉沉中度过，很少进食或离开那幢房子。那几个月，我的体重减轻了近 17 千克。有时，当我独自一人，我也会试着给父亲打电话，打对方付费的那种电话，但他总是外出观鸟去了。

父亲 20 出头时处在一种肆意愤怒的状态中，我亦如此。

---

① 父亲说这不太对，因为他的大部分观鸟都是在海德堡以外旅行时完成的。——作者注

因此，我也选择了当时他希望能有用的解决方案：我想，如果我找到一个合适的女人，一切都会变好。我刚到欧洲时，在巴黎遇到了一个美国女孩。我们相遇的场景仿佛是电影《筋疲力尽》刚开场的那一幕：她在《国际先驱论坛报》工作，而我（按她的说法）是一个“摇滚乐手”。（十几岁时，我开始吹萨克斯，用的是父亲用过的中音号。最终我只是在欧洲各地的街头吹奏一下，以赚些零花钱。这些都不能表明我是一个好乐手，尤其是与我那吉他演奏家的弟弟相比。）

我给她打电话，告诉她我将乘下一班火车去巴黎。抵达巴黎一个小时后，我们锁上了门。我们在床上待了三天。

我隐藏了自己的感情，一直到最后。但是这次我没忍住，一生的渴望都倾泻出来，向着一个理想的女孩。不用说，这并不是在“光之城”结束浪漫的好方法。“你得走了。”她说，给我开了门。我很震惊，背着背包和萨克斯走在巴黎的街头，几乎流泪了，事件的转折让我没有一点浪漫的感觉。不仅仅是这一次被拒绝，所有的被拒绝都是如此。我孤独自我的每一个部分都第一次感到伤心欲绝。

我有回荷兰的车票，但直觉告诉我不要回去，我会受不了的。于是，我去了瑞士，几个月前我第一次到巴黎时遇到的一对夫妇邀请了我。当我抵达苏黎世，他们看到我当时的样子，便让我留下来。我待了八个星期，一直睡在地板上。大部分时间，我都戴着耳机，或者乘坐老式的电车去城市的湖滨沙滩。

8 月，我再次给父亲打电话。这次他在家，并有消息要告诉我。我离开之前申请了纽约大学电影专业的研究生课程。（我并不是真正想做这一行，只不过作家似乎比杂志编辑或报纸记者能生活得更好一些，而且我的一些好友也正在进入电影界。）父亲告诉我，申请被接受了，我需要立即作出决定，因为几周后秋季学期就要开始了。

老实说，我不想去，但我知道自己不能留在欧洲。过去的重负——我自己的和我父母的，混杂在一起，使我处于岌岌可危和痛苦莫名的状态中——太压抑、太黑暗了。

“我该怎么办？”我问，想让父亲给我一些什么，也许只是安慰。我不明白他为什么不能。我没有意识到，他经历过那么令人心碎的弯路，才刚开始掌握自己的命运，才勉强站稳脚跟，还无法给任何人提供人生建议。

我回家了。母亲在机场接我。下飞机时，她看到我的瘦弱和病态，不禁哭了起来。回到学校并没有让事情好转，我讨厌上课。教师们像是筋疲力尽的难民，他们已经被好莱坞的小成就摧毁，行业是怎么无情地对待他们的，他们就怎么对待他们的学生——尤其是那些被认为软弱的学生。在欧洲，尽管发生了那么多事，但我更有一种温和的创作力，而纽约大学这种虚假的学业压力让人感到既残忍又丑陋。很快我加入了一群有同感的学生组成的小团体。到了 12 月，我们所有人都准备退学，而父亲则明确表示，他只能为我的研究生学业付这一次学费。我理解，我也知道他想把钱花在观鸟上。他能为我的学业付一次钱，已经很好了，尽管我一直好奇，他当年自己多次在研究生阶段不断尝试，如果祖父母也对他这么严厉，他会怎么办。

父亲会记得 1985 年 12 月的事吗？那时他正在关注一只矛隼出现在琼斯海滩上的报告。这种鸟没有那么罕见，但是父亲

还没见过。它已经成了父亲的怨念之鸟——一种本来应该看得到，但由于运气不好而一直错过的鸟。他两次冲进汽车开往童年常去观鸟的地方，却一无所获。终于，在第三次尝试时他看到了。没什么难度，还有另外二十几个观鸟者也在那儿，围绕着海滩的地标建筑——一座约 60 米高、仿照意大利威尼斯钟楼修建的塔楼。

父亲不知道我在做什么、在想什么。我认为他一点儿也不在乎。对我来说，他的"金子般的心"不仅被隐藏起来了，还退缩到一个充满数字和想要征服那些虚无缥缈的世界中。这种追求对他来说可能意义深远，但给我的感觉，就算不是浪费时间，也只是一种打发时光的方式，而且这种方式容不下别人，无论是自己的儿子还是女朋友（朱迪思也在 1985 年和他分手了），哪怕只是片刻。

他那时正环游世界，并不断在一份只属于他自己的清单上打钩。我讨厌那个清单。我讨厌必须放弃学业的想法，我讨厌孤独的感觉。为什么父亲不关心我？为什么我需要他的时候他总是缺席？

第12章 最棒的超级记录者

1987 年，我参加了新几内亚观鸟之旅，并在旅程开始之前去了塞皮克河地区。在那里，尽管没有大量增加鸟种，但我还是看到了一些在其他地方没有机会看到的鸟。当我们在河上航行时，整个团队都看到了维多利亚冠鸽。我错过了食火鸡，心情十分沮丧——因为当时我在船尾吸烟。最后一天，我们离开塞皮克河支流，转入主河道。有一棵倒下来栽进水里的树出现在船的右侧，经过它时，我看到一个乍看之下像一根短树枝的东西。我举起望远镜，意识到那是一只林鳽！这是一种罕见的鸟。有传言说，甚至连《新几内亚鸟类》一书的作者都没有见过这种鸟。我大喊："林鳽！"我们放慢了船的速度，调转船头往回行驶。令人吃惊的是，那只林鳽一动不动，每个人都看得很清楚，很多人都拍到了完美的照片。

——林鳽（*Zonerodius heliosylus*）

1987 年 7 月 23 日，新几内亚，#4218

世上有很多观鸟高手，例如菲比·斯内辛格。1985年，父亲在一次南非之旅中第一次遇见斯内辛格，那时她已是个传奇人物。1984年，她就已观得了4000种鸟（父亲落后了1000种），并且即将成为第一个观鸟超过5000种的女性。更重要的是，斯内辛格并不是一个鸟类学家，她是第一个达成这一纪录的真正的超级鸟人，比她的竞争对手哈维·吉尔斯顿和乔尔·艾布拉姆森至少早了一年。

像大多数观鸟者一样，父亲对菲比的执着很吃惊，但当他听说了菲比的故事后就理解了。如果说父亲的沉迷源自生活中被压抑的欲望，那么菲比的疯狂，那种更加强烈的狂热，源于一次意外事件。观鸟对这位圣路易斯的家庭主妇来说曾经只是一项爱好，一种兴致勃勃的个人兴趣，直到她在1981年被诊断患有皮肤癌。

“三位肿瘤专家都得出了相同的令人震惊的诊断结果，”菲比在她的自传中写道。“三个月后，不可避免地，我的身体将快速衰败，一年之内生命即将到达终点。”

斯内辛格那时还不到50岁，却面临着骤然的生命终结，其平和美好的生活，那种典型的中产生活——住在郊区的家庭主妇、丈夫和三个孩子——即将戛然而止。（真实的斯内辛格其实要强大得多，她是那种闲不住的人，非常聪明，她的父亲是芝加哥传奇广告人李奥·贝纳，那位创造了万宝路牛仔的广告巨头，因此她有巨额的遗产可以继承。）斯内辛格接受了基础治疗，但是拒绝了更进一步的实验性疗法。她有自己的打算：去阿拉斯加观鸟。“如果还能有一段时间保持健康，”她回忆道，“观鸟就是我唯一要做的事。”

回家以后，她感觉身体很棒，她的鸟种记录刚刚达到2000种。

她决定继续前行，而且要快，因为她不知道自己还有多少时间。

我很自豪父亲是世界上最棒的观鸟者之一——从观鸟数字和他一辈子的投入来看。但是和斯内辛格相比呢？没有人比得上她。就算是今日顶尖的鸟人汤姆·格里克（鸟种数8200种），或者可能会在两年内赶超格里克的彼得·凯斯纳（凯斯纳比格里克年轻近20岁）也无法相比。“菲比，”凯斯纳告诉我，“无人可以超越。”

她在和时间赛跑——整整20年，经历了三次癌症复发和康复——这使她成为无可企及的完美鸟人。斯内辛格就像军人作战一样准备她的每一次旅程。她为每一次观鸟之行准备一本特殊的笔记本，上面写满每一个目标鸟种的核心辨识特征。她极其重视科学的准确性，每一个鸟种都要知晓其英文和拉丁文名称，以及在当地语言中的俗称。旅途中斯内辛格记录了她所看到鸟种的详细信息，回家以后会整理成鸟种卡片。她坚持一字不漏地抄写下所有的目击记录，有时候抄两遍，来加强自己的记忆。8500种鸟，每一种她都做了如此详细的记录，并不只是新种或某些特别偏爱的。1990年，当鸟类学家查尔斯·希伯利和伯特·门罗出版《世界鸟类分布和分类》一书时，她的努力得到了回报。斯内辛格的卡片信息帮助他们拆分了500多种潜在的鸟种。（希伯利和门罗的书使用了一套完全不同的分类系统，并引起了争议。两位作者在1993年提出这一体系，与当时通行的克莱门茨分类系统竞争。这场围绕分类系统和命

名传统的争论随着 1994 年门罗因癌症去世而终止，该分类系统也被放弃。但时至今日希伯利和门罗的观鸟手册仍然被世界各地观鸟者们视为主要参考资料。）

复杂的分类系统和命名体系让鸟种数上千的观鸟者们感到头疼，但菲比却兴奋异常。在自传中，她花了整整两页的篇幅描述自己精密的方法。她的描述像美国鸟类学家埃利奥特·科兹所写的早期观察指南一样，充满细节：

“我复印了 1993 年希伯利 - 门罗系统清单的每一页，将它们一一贴在预先准备的格子纸上，纵向上标注我保有清单的世界各个地区，横向上则在清单鸟种后面加入自己的观鸟记录，28 厘米 ×43 厘米的纸张大小正合适。我把复印的清单贴在左侧，右侧有足够的空间罗列我想去的 16 个地区，还能留一点儿最右边的空间，用来备注分类变化。这样，每一个鸟种在每一个地区都有一个格子，如果我曾在该地区看到这种鸟，我就可以在格子里打钩（当然，用我自己编辑卡片的编码颜色）。”[①]

斯内辛格所用的系统，唯一的问题是缺少合适的方格纸，因此她自己画了一些：336 张纸，5000 多条完美的水平线，光做这件事就要花费几个月的时间。父亲的笔记本非常详细，他可以回顾每一次目击记录，查找拆分与合并的案例，但他的系统本质上是为了建立鸟种清单。斯内辛格的记录则具有宣传册的意味，不仅仅是观鸟计数，更像一种教义学说。

在斯内辛格的观鸟生涯中，与她观鸟数最接近的对手是哈

---

① 菲比·斯内辛格的自传《用借来的时光观鸟》（*Birding on Borrowed Time*）2003 年由美国观鸟协会出版。这本书的内容和我对汤姆·斯内辛格的访谈为本章提供了大部分素材。如果有人对像我父亲这样致力于观鸟的人的生活感兴趣，可以读一读斯内辛格的这本自传。——作者注

维·吉尔斯顿。吉尔斯顿领先她几百个鸟种，并于1988年率先达到7000种。斯内辛格直到1992年才达到这一目标。

但他们俩采用的两种完全不同的观鸟方式：吉尔斯顿只是记录了他被告知的见过的鸟，他还同样记录了他所乘坐飞机的飞行员的姓名、他们的登记号码，以及其他令他着迷的神秘数据。

斯内辛格却很懂鸟类，她是观鸟高手中最严格的自学者之一，并且她对鸟类有自己的独特观点。对于那些记录偷工减料或数目不清的观鸟者，她几乎没有耐心。当她看到一种鸟时，她要确保自己实实在在地看清了。当美国鸟类协会允许将听到的鸟种与看到的鸟种一起计数时，她停止向协会提交自己的清单。她主张为了更好地进行历史比对，需要衡量观鸟数与已知鸟种的百分比，而不是直接列出鸟种的数量。在为《观鸟》杂志撰写的一篇文章中，她提出了该方法，文章标题为《环球观鸟：25年后》，以向斯图亚特·基思1974年为同一杂志撰写的文章致敬。基思认为看到全世界已知鸟种的一半是一个合理的目标，斯内辛格则将该目标提高到85%。“我现在的观鸟数已经很高了，”斯内辛格说，“我推测达到90%是不可能的。”她当时的成绩是84%。

或许是因为渴望超越她个人认为的“不可能”的目标，也可能由于罹患癌症的恐惧使她觉得没有什么可损失的，斯内辛格继续追寻，她想成为第一个看遍每一个单属种鸟种的人。（简单说来，这是一个分类学定义，它包含一个属和一个单物种。在北美，一个很好的例子是在加拿大大部分地区都有分布的猛鸮。现在世界各地都没有它的近亲，化石记录也没有。）全世界大概有2000种这样的鸟。

斯内辛格有继承的财产，所以钱不是问题，但危险却是问题。对于超级记录者及其向导们来说，频繁前往偏远地区，缺少医疗援助，经常使用不合格的运输工具，这些都是真正的危险。泰德·帕克曾于1988年作为一名鸟导带父亲前往秘鲁，他被认为是世界上最有才华的鸟类学家。1993年，他乘坐的飞机在安第斯山脉上空失事坠毁。另一位鸟导大卫·亨特，曾在1985年印度科比特国家公园之旅中带队看到印度雕鸮，但他不慎冲进灌木丛，被老虎咬死。老虎后来被捕获，在亨特带队的观鸟者们恳求下才没被杀死。我和父亲在巴西的时候，听说了在非洲的另一支观鸟队伍由于客户在丛林徒步中失踪而陷入危机。据猜测他是遇到了一只野生大猫。斯内辛格有幸三次战胜癌症，但在观鸟时无法逃脱不幸：她在印度尼西亚遭遇沉船，在哥斯达黎加经历了7.0级地震，在新几内亚遭遇了强奸。但她仍然继续观鸟，挫折从未使她重新考虑自己的追求，也没有让她慢下来。（哥斯达黎加地震后，观鸟小队居住的建筑物部分坍塌，斯内辛格对站在空地上的队员们说："既然我们在户外，我们不妨去找找猫头鹰！"）

到了20世纪80年代后期，观鸟比赛已经如火如荼。斯内辛格、兰伯思和费希尔夫妇，以及吉尔斯顿处于领先地位。另外一组有彼得·温特，一位衣着考究的第二次世界大战飞行员；约翰·丹泽贝克，一辈子都是个军人；父亲；还有其他几个观鸟者。这些人的观鸟态度都比父亲要严格得多。所有厉害的观鸟者行事都有条不紊、计划严密，父亲的观鸟模式反而有些不拘一格，有点叛逆。有一次，他选择在曼谷参加周末聚会，而不是跟随他的观鸟小组待在野外，同行的其他观鸟者都感到震惊，无法相信他会放弃寻找新鸟种的机会。父亲说：“这没关系，我知道后面还会再看到这些鸟，我也不介意其他观鸟者感到惊讶。”他与布雷特·惠特尼的关系非常好，他喜欢和这位鸟类学家一起熬夜、讲故事、喝啤酒。布雷特对我说：“你父亲，是个人物。”父亲一直在为旅行做准备，等待来自布托图书公司的包裹——这个公司是全球野外手册的主要邮购服务商——在伦敦停留期间他还搜寻各种外国鸟类手册。竞争对手们经常会不期而遇，他们都知道对方的鸟种数，但大多数人都避免公开竞争，因为他们明白这场比赛是一项长途耐力赛，只能按自己的节奏进行。如果你与另一位超级记录者一同出行，你们会看到几乎完全相同的鸟种，这就增强了“竞争性的非竞赛”这样一种气氛。另一位超级记录者克利夫·波拉德将这种追逐描述为“一场终极耐力赛”。

大多数超级记录者都很喜欢布雷特·惠特尼与其他几位鸟类学家共同创立的“荒野指南”公司组织的旅行，当时布雷特已脱离自己的导师维克多·伊曼纽尔自立门户。“他们因能保障观鸟者看到足够多的鸟而享有盛誉，”父亲高兴地说，“不断地、不停地观鸟。”标准的观鸟流程是：凌晨3点起床，不吃早餐；上午10点回来，吃饭，睡觉；下午3点再次出发，直到天黑，然后是晚餐和数小时的清单维护。每天重复，持续两三个星期甚至一个月，不要指望在这期间有任何正常的旅游活动。（即使我对鸟类文化越来越着迷，在与父亲一起的巴西之旅中，我仍然感到很无聊。我想停下来看看树木和花朵，我

想参观当地的村庄，但这些都是对观鸟十分不敬的想法，真正的超级记录者从来不会这么想。）

观鸟竞赛者们没有时间停下来。父亲记得丹泽贝克的坚持让他惊讶："我们去了一个只有一种鸟的小岛，我们已经看到了那种鸟，而他还在寻找。"其实父亲也一样执着。他在前往南非的路上，决定绕道去一趟里约热内卢，想亲自看看巴西的鸟类。到达后，他被告知缺少入境巴西的签证。他迅速思考，然后登上下一班飞机前往巴拉圭，在那儿他可以获得巴西签证，几小时内就可以返回。但他还是迟了，那个周末被困在了亚松森港。也没关系。他虽然只带了鲁道夫・迈尔・德・肖恩斯所写的几乎没有插图的《南美洲鸟类手册》，仍然增加了 23 个鸟种。星期一，他回到巴西，又增加了 20 个鸟种。

追逐鸟种清单的人，虽然在不同程度上互相竞争，但他们也知道他们构成了一个独特的观鸟群体。当"荒野指南"公司宣布首次组织马达加斯加观鸟之旅时，几乎所有顶级观鸟者都来了。他们都将相同的鸟种添加到了个人清单中，因此排名没有多大变化。①

在与菲比・斯内辛格同行的一次旅行中，斯内辛格告诉父

① 这是一次很棒的旅行，但是像所有首次出行一样，后来的旅行被证明更有成效。20 世纪 90 年代初期，"荒野指南"公司在马达加斯加组织的另一次观鸟之旅有力地展现了这一点（同时也展示了布雷特・惠特尼的超强听力）。惠特尼从未去过马达加斯加岛，但他研究了录音带。他的团队穿过灌木丛时，他突然让大家安静下来。有一个微弱的声音在回响。惠特尼说："这是一个新鸟种。"惠特尼是怎么辨认出这种现在被称为隐莺（Cryptic Warbler）的鸟的呢？因为它发出的声音无法被识别。惠特尼将马达加斯加岛上已被记录的每一种鸟鸣声都存入了自己的记忆，当听到他大脑数据库中没有的鸟鸣时，他能肯定这是一种还没被记录过的鸟。即使对于只追求数量增长的观鸟者，也没有什么能比增加一种大列表上还没有的新鸟种更为激动人心。——作者注

亲，观鸟是她活下来的原因。“她认为自己生命的延续与持续观鸟之间存在某种非常神秘的联系。”父亲回忆道。我想知道斯内辛格的家人是否感谢观鸟这一使她获得生存力量的活动，她需要频繁外出，总是不在家。通过阅读她的自传，我知道她对观鸟的痴迷引发了家庭冲突。她的婚姻几近破裂，后来通过婚姻情感咨询才得以挽救。一个女儿宣布了结婚日期，而菲比表示这与她计划的观鸟之旅相冲突，最终没有去参加婚礼。

奇怪的是，我和斯内辛格的儿子汤姆（我们同龄）有一点关联：他是我最好的高中朋友的大学室友。我需要和他谈谈这本书，我还想比较一下笔记：超级记录者有很多共同点，他们的孩子有吗？我做了自我介绍，我们花了几个小时通电话。汤姆告诉我，他的家人也对菲比的痴迷意见不一。他们能理解，当“达摩克利斯之剑”悬在她头上时，她有充分的理由全力以赴去追寻自己想做的事。“但这并没有使我们免受情感上的伤害。”他补充说。斯内辛格的儿子比我早一些想通了一件事，想和观鸟者有所交流，你自己也必须成为（至少某种程度上的）观鸟者。尽管汤姆·斯内辛格只和母亲一起旅行过一次，但他对鸟类的兴趣使他成为一名野生生物学家，并在太平洋沿岸的西北地区从事斑林鸮的种群恢复工作。他说：“这确实使我们更加亲密了。”

在人际关系方面，菲比和我父亲有一个很大的差别：斯内辛格没有选择孤立自己。“她只是觉得自己时间有限，”汤姆·斯内辛格说，“并希望尽可能活得久一点。”

斯内辛格劝勉她的孩子们要像她一样积极生活。当汤姆·斯内辛格想加入和平队时，唯一使他退缩的原因是他担心自己不

在家时母亲会去世。“她告诉我，对她来说最糟糕的事就是我留在家里，如果她没死，我会因为没有实现自己的心愿而感到遗憾，会把责任归咎于她。”巧的是，几乎同时，我也在考虑加入和平队，而父亲只是告诉我，那是一个糟糕的主意。

在与汤姆·斯内辛格交谈后，我想，他母亲和我父亲的主要区别可能是驱动力不同：菲比好似背负着一颗定时炸弹，每个人都知道这一点，一个简单明了的理由；父亲却似乎不需要和什么东西赛跑，实际上，对于他的观鸟痴迷，我的第一印象是，他是想从某种事物（或一切事物）中逃离出来。

但这也不完全准确。父亲可能一直在逃离家庭，甚至逃离爱情，但他也一直在追逐：朝着永恒的梦想奔跑，这个梦想已经被否定太久了。

父亲在热烈地追逐梦想，而我仍在挣扎。我从研究生院退了学，不知道接下来该做什么。我花了两年时间在纽约晃荡，几乎什么也没干。我找到一份工作，办公室在纽约公共图书馆的地下储藏室。我可以在那里待几个小时，没有人来检查。我办公室里有一台未使用过的打字机，为了消磨时间，我开始写东西。我写了一个又一个故事，尽力去模仿保罗·鲍尔斯。保罗的故事里有一些被引入歧途的远行者，他们离家万里，惊讶地意识到这个世界的残酷。这些故事引起了我的共鸣。

父亲的鸟种数达到4000种时，我也跌跌撞撞地开始在一家新闻周刊做记者。人生中第一次，我感觉自己还有擅长的事情。我会紧追不舍那些不好对付的采访目标，整天待在办公室里给他们打电话，直到他们屈服，并与我交谈，这为我赢得了一定声誉。我很擅长搜寻重要企业高管的家庭电话号码，我还会在他们去高尔夫球场和餐厅时打给他们。当一位气得发抖的首席执行官打电话给我老板，抱怨我的策略，说接受我的采访“就像有人举着锤子迎面扑来一样”，我却感到很骄傲。这份工作不仅仅是我怒气的发泄口，那几乎就是愤怒本身，带点怨毒，不可抗拒。（这种愤怒我从未对外表露，因此找一个“合法的”发泄渠道而不是被这种愤怒所吞噬也算合理。）我还开始沉迷喝酒。一天晚上，我在酒吧与人发生争斗，下巴被割破了，只得去了布鲁克林一家医院。一周以后，伤口感染，需要做个小手术，父亲将手术安排在了他工作的医院。关于事故原因，我只能对他撒谎。

我的生活开始有了起色——至少我有了自己的事业——但我仍然觉得自己在慢慢失去什么。一个周末，我去拜访弟弟，他和朋友们一起住在波士顿，想成为一名摇滚吉他手。他的一个朋友碰巧在一家定制自行车工厂工作。当我周五晚上到达时，一群人正兴高采烈地在他家聚会。他们刚刚沿着城镇外面树林中的泥泞小道骑行了几个小时。十几岁时，骑自行车就是我的救赎，但我已经好几年没认真骑过车了。

一个家伙告诉我，第二天早上，在萨默维尔郊区一个树木繁茂的公园里还有一次骑行活动，如果我想参加的话，还有一辆备用自行车。

到了第二天晚上，我的世界已经完全变样，好像一箱我小时候藏起来被遗忘的宝藏突然出现了。几周后，我买了自己的山地自行车。每天，我都会从居住的地方沿布鲁克林海滨骑车到我工作的曼哈顿中城。我绕着中央公园，穿过哥伦布环岛，向北朝哈莱姆区方向骑行，然后在午餐时分穿过上西区回到市中心。我会穿越曼哈顿上城和乔治·华盛顿大桥，慢慢探索新泽西帕利塞德山脉上的每条小道。骑行越多，我就越想骑。我开始购买自行车杂志，杂志封面上总是有骑手穿越南加州山脉和沙漠的照片。当我打电话给其中一本杂志的编辑，向他提供一些创作故事的想法时，他接受的速度之快让我感到震惊。

对我，纽约变得不再宜居。看起来继续成为一名好记者所需要的纵酒贪杯、咄咄逼人的生活方式，与我想要骑行、需要骑行的愿望直接冲突。我知道自己不能再干下去了。当杂志的洛杉矶分部（被纽约总部视为遥远的哨所）出现一个空缺职位时，我申请了。老板勉强同意，但他警告我说这将“毁掉我的事业”。我倒是希望会这样。我不想再“举着锤子”去找人了。我有一本书，列出了南加州最好的一百条山地自行车道。我最大的野心是骑遍每一条山道。我想，如果我的父母不来烦扰我的话，我会搬得远远的。我会好好照顾自己。父亲有鸟，而我有我的自行车。

1990 年，当我离开纽约时，我认为自己与父亲之间的关系将会一直淡薄下去。但是距离感让我惊讶。我开始想念他。我最好的朋友汤姆·哈金斯居住在洛杉矶，他鼓励我采取行动。为了研究生物学，他放弃了赚钱的电视剧作家的工作。在我们去骑行时，他有时带上蝴蝶捕捉网，有时带上望远镜。汤姆知道我父亲痴迷观鸟，并把他视为英雄，认为他是一个将生命奉献给大自然的人。这让我感到惊讶，还感到有点讽刺，因为他的父亲是位知名作家，写了几部小说，还制作了许多传奇的电视节目。[1]

慢慢地，我开始有同样的感觉。1993 年，父亲去澳大利亚的途中在洛杉矶停留。南加州有他的两种怨念鸟种：一是加州蚋莺，曾经很常见的沿海鸟类，其栖息地已被商业开发侵吞。30 年前，当我们住在圣地亚哥时，父亲本应该能看到这种鸟。还有一种是山翎鹑，我很熟悉这种鸟，我在小镇北部崎岖的山路上骑行时，偶尔会看到它。（怨念鸟，记住，不一定是罕见的。它只是观鸟者运气不好，没看到过的那种。）我很高兴与父亲重逢，他之前从没到洛杉矶来看过我（自那以后也只有一次），对于要帮他找鸟我也很兴奋。

先找加州蚋莺。我们在海滩附近遇到汤姆，然后一起慢慢地向南行驶，在每一小块沿海灌木丛边停留，这是这种鸟的栖息地。最后，在兰乔·帕洛斯·弗迪斯一幢豪宅下方的崖壁上，我们找到了它。当时我们正走在一条土路上，经过一片丝兰树。汤姆最先看到，它在灌木丛上跳跃，然后消失了。“蚋莺！”他大喊。

要有耐心。我一直记得，小时候在父亲搜寻鸟儿时，我得保持安静，一动不动。五分钟后，那只小鸟出现了。父亲把望远镜递给我，让我好好看看。那是他的第 5991 个鸟种。

第二天，我们计划进山。圣殿高地是安吉利斯国家森林公园里我最喜欢的地方。那里与丹佛市海拔相当，有高山区的感觉。你很难相信自己身处于一个拥有 950 万人口的地区。我知

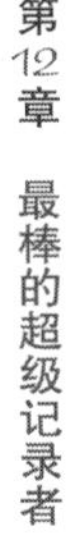

① 罗伊·哈金斯（Roy Huggins）创作了《逃犯》《罗克福德档案》《日落大道 77 号》《巴雷塔》《特立独行》等许多电视剧，并为其他一些剧作撰稿。人们普遍认为，他是现代侦探电视剧的开创者。他是我见过的最有智慧、最慷慨的人之一。每当我拜访他时，他总是询问我的写作，并且他是第一个认为我需要写写我父亲的人。罗伊于 2003 年去世。——作者注

道可以在那儿找到山翎鹑，但父亲还是向自然中心的工作人员核实了一下，他们向他保证，因为他们总是在早上撒些鸟食，山翎鹑几乎一定可以看到。（我是不是有点埋怨父亲不相信我的话？也许是，但是后来我明白观鸟者需要不断确认：他们不能只靠运气。）

那个时候，这种鸟也是我能确切辨认的少数鸟之一。在低海拔的自行车骑行中，我经常看到珠颈斑鹑，它看起来几乎和山翎鹑一样，只是头顶上有一根卷曲的羽毛。山翎鹑的羽毛是直的，因此很容易分辨，我可能至少看到过四五次。

在驶入山里的途中，父亲给我解释了什么是“怨念鸟”。我感觉这个说法很惊人，很有趣，也很优美。我们到达的时候，天刚亮。工作人员已经撒了鸟食，在等鸟来。

我们也在等鸟来。等了几个小时。

当我们坐在那儿的时候，父亲告诉我，他期待在澳大利亚看到他的第 6000 种鸟。一周以后，他成功了：新南威尔士州的冠钟鹟。我不太明白那是多么难得的壮举。他告诉我，要达到 7000 种还要困难整整一个数量级。

“你觉得你会成功吗？”我问。

他说：“那是好几年以后的事了，谁知道呢。”

我们没有看到山翎鹑。我感到很奇怪，但父亲的想法更富有哲学性——几乎是迷信，他说：“这就是这种鸟成为怨念鸟的原因。”所有的观鸟者都知道，无论你多么努力，忍受了多长时间无聊的等待，你都可能错过某些东西。严肃观鸟者和蠢蛋（比如我）之间的区别是等待的能力：直到所有的希望破灭了我们才离开，而那时我已经坐立不安好几个小时了。我在其他曾一起同行的超级记录者身上也看到过这样的坚韧。有时候，等待最终还是有所回报，可能就在人们开始收拾望远镜准备回家的时候，目标鸟种出现了。

父亲第二天就走了。那是第一次，我为与他分开而难过，但我也很高兴知道他在做什么。我一直都明白鸟类对他来说多么重要，可我自身的愤怒使我对他追逐梦想的坚持不屑一顾。我不能说这次见面完全消除了那种感觉，但我很高兴他在快60岁时发现了真正使他感到充实的事情，即使那是一种孤独的活动。

父亲的痴迷仍在继续，它仍然阻止了很多他与我的联系。但是突然间，我觉得也许我可以和他一起去体验：我可能永远不会真正对鸟类感兴趣，但是那种痴迷？我能理解。

父亲曾说他的清单会停留在5000种。他还说过会停留在6000种。“我是这么说的，”父亲承认，“但我一点也没有放慢脚步。”还有那么多鸟要去看，而他也没有多少别的事要做。他有工作，但没有女朋友，也不想要。与朱迪思的关系十年前就结束了，现在任何关系都会妨碍他观鸟。

很快，他也不想工作了。1993年，年仅58岁的他从急诊室辞职。他从投资中获得收益，所以不觉得需要继续工作。“我不想再当医生了，”他说，“我想去追鸟。”就是这样。

鸟种数达到6000种以后，清单就很难扩展了。数字再没办法很快增加，而你想看到的鸟都是真正的里程碑，你需要那些稀有的富有异国情调的鸟种。观鸟变得更需要技巧，目击记录也更令人满意。在菲律宾，父亲看到了被许多人认为是世界上最壮观的鸟种——菲律宾食猴雕[1]。这种鸟身高近一米，长着蓝色的眼睛和超大的尖锐的喙，头顶羽毛浓密，仿佛戴了一顶军帽。它在森林中飞速掠过，在近乎不可能的情况下自如转弯，寻找林中的小型灵长类动物。为了寻找食猴雕，父亲在棉兰老岛的山顶上露营。那天傍晚，当他独自抽烟时，看到了另一种壮观的当地鸟种——巨大的菲律宾雕鸮。

父亲仍然落后于其他超级记录者，但他知道自己的第7000个鸟种会到来的。乔尔·艾布拉姆森和他的清单都在6000多种，但父亲相信大概到20世纪90年代末，他能升到下一个级别。另一位观鸟者彼得·凯斯特纳，他在20世纪90年代达到了6000种，但他使用了完全不同的方法。他一次在一个国家居住一两年，先是作为和平队队员，然后是外交官。凯斯特纳不使用向导，他喜欢按自己的节奏寻找鸟类。1990年，当他达到第6000个鸟种时，他成为吉尼斯世界纪录大全中第一个见过所有159个鸟类分科物种的人。他不使用向导的方式使他处于一种奇怪而令人钦佩的地位，介于“普通的”超级记录者和鸟类学家之间。事实上，凯斯特纳还发现了一个鸟类新种：厄瓜多尔昆迪蚁鸫。连斯内辛格似乎也向往凯斯特纳的生活，称他为自己的“人生楷模”。（他们彼此之间的钦佩并没有带来不便，是强悍的观鸟时间表使他们只能频繁通信，不可能面对面交流。）

观鸟者们说自己会停下来的时候通常都停不下来，但最

---

① 费迪南德·马科斯（Ferdinand Marcos）政权曾于1965~1986年统治菲律宾，他们试图将这只鸟的名称改为更民族主义的“菲律宾雕”。吉姆·克莱门茨说：“观鸟界不太接受名称的改变。”不过，“菲律宾雕”这个名称更加准确，因为这种鸟的首选猎物是狐狸，而不是猴子。——作者注

终他们都会停步。哈维·吉尔斯顿最后一次报告他的数字是在1991年，当时为7069种。一位带队的负责人告诉我，对于大多数以数字为导向的超级记录者来说，乐趣已经消失了：“对哈维来说，当他能记录数十个新鸟种时，这是一件好事，但如果花费所有时间和大量金钱只能增加一种呢？”迈克尔·兰伯思则因搭档桑德拉·费希尔的去世而退出，他信守自己的誓言，再也不数鸟。父亲还在继续。

1995年9月，斯内辛格在墨西哥看到了她的第8000个鸟种：棕颈林秧鸡。1999年，她在秘鲁看到了个人的第2000个单属种。简单来说，单属种的鸟种，它的亲缘关系最近的只有它自己。单属种包括很多最稀有的物种，因此以这种方式建立清单是非常艰巨的任务。这种观鸟清单所带来的成就感，并不像斯内辛格在吉尼斯世界纪录中保持的个人鸟种最高纪录那么吸引人，但从科学的角度来看，是十分了不起的。

斯内辛格没有死于癌症，而是死在了她所坚信的拯救了她生命的观鸟之旅中。她高居个人清单榜首的20年里，充满了讽刺、悲伤和胜利，而到最后，却是不幸。

1999年11月23日上午，菲比在马达加斯加和团队一起观鸟，他们在灌木丛中搜寻红肩钩嘴鵙，两年前人们还不知道这种鸟的存在。他们此前试过寻找这种鸟，但没有找到。鸟类学家向导特里·史蒂文森播放了这种鸟的录音，它几乎立刻就出现了。“这只鸟让我们所有人都看了个够。”团队成员的保罗·托马斯说。

这是斯内辛格的第8450个鸟种。那天稍晚时，她本还有机会能再看到一个新鸟种：阿氏旋木鵯。他们坐上小巴，向宗

比特国家公园驶去。途中，驾驶员失去了对车辆的控制，小巴在地上翻滚。斯内辛格在事故中因撞击当场死亡。其他乘客均未受到严重伤害。

菲比·斯内辛格留下了惊人的纪录。从她首次被诊断出癌症后前往阿拉斯加那一天开始，直到她在印度洋沿岸看到红肩钩嘴鵙那一天，25 年间，她平均每天都能收获一个新鸟种。她去世五年后，即使不考虑当前的拆分种，菲比的个人清单仍然比最接近她的竞争对手高出数百种。她的骨灰被撒在大提顿山脉上，她的家乡以她的名字命名了圣路易斯附近一个小公园。

父亲被她死亡的消息震惊了。和其他超级记录者一样，父亲知道菲比是最棒的。但是他意识到，大多数观鸟者都年龄较大，他的所有竞争者都是如此，正如斯内辛格的书名，《用借来的时光观鸟》。他告诉我："他们不会像菲比那样突然死去，他们只是不再观鸟旅行。"

然而父亲并不知道，很快他也将为自己的生命而战。

第13章 前进与终结

我们前往巴西热带雨林中的INPA观鸟塔，那是一个15米高的观鸟平台，平台上可以看到数百只鸟在疯狂地进食。但在去往观鸟塔的土路上，我们突然急停下来，这是非常值得的：布雷特·惠特尼在树的高处发现了一个巢，并架起了他的单筒望远镜。巢内有一只美洲角雕的幼鸟。像菲律宾食猴雕一样，这是一种大型鸟，几乎令人恐惧，其头顶堆积着浓厚的羽毛，爪子巨大，可以从地面抓起沉重的猎物。11年前，父亲已经在委内瑞拉见过美洲角雕了，但他为我感到高兴。这是我记录的第一只鸟。

——美洲角雕（*Harpia harpyja*）

父亲：1988年2月24日

委内瑞拉埃尔帕洛马，#4706

我：1999年9月21日

巴西玛瑙斯，#1

那是12月一个寒冷的下午，父亲家里的取暖器将室温维持在16摄氏度，我感到冷极了。我刚从洛杉矶过来，我们本来计划那个清晨一起去看看海鸟，可外面那么冷，我并不怎么热衷于站在大风呼啸的海滩上寻找海鸟。因此，当我提议跟随父亲一起去看看他的第7000个鸟种时，并不像是在表达真实愿望，而更像是再用一种拖延战术。

他的拒绝实在令人难堪。

“你不会觉得有趣的，你又不喜欢观鸟。再说了，你也付不起钱吧！”

这些年来，当父亲提出各种理由不想和我接近时，我学会了坚持。我建议他再一次去寻找山翎鹑，他“呸”的一声拒绝了，但我就只是不理他，过几天再向他提议。我对他的观鸟事业更感兴趣了，尤其是在1996、1997年，我当时要在纽约工作一年，好几个周末去看望父亲时都惊叹于他的个人清单[①]。我不再怨恨父亲不在家、不接我的电话，不过有时候我很担心。2月的一个早上，我几次打电话给父亲，他都没有接。直到那天深夜，我才找到了他。他解释说，前一天晚上，有人告诉他，在缅因州波特兰发现了一只白鸥，他的怨念鸟。他坐进车里，开了十个小时，直抵发现那只鸟的码头。他下车，看到了那只鸟，然后开车回家。他的第6559个鸟种。

尽管尽了最大努力，我自己的生活却也开始像父亲的一样，

---

① 在这一点上，父亲不仅仅是追鸟，他还会品鉴各种奶酪和啤酒，通常都是他观鸟之旅中派发的样品。此外，他还全力以赴阅读每一本曾经获得或者入围布克文学奖的书。许多书都已经绝版，但他最终还是收集到了全部169本小说。他规定自己每一本都要阅读，即使不喜欢也必须读完。他还把这件事怪到了我头上，因为他让我推荐一些好看的小说给他时，我的建议是那些获得英国布克文学奖的书多半是很不错的。他一直更新布克奖的最新小说名单，通常在提名公布以后，他就会从英国出版商那里订购。——作者注

我陷入深深的痴迷，不想和别人打交道。我在人际关系上似乎一直很失败，无法与他人建立亲密关系。一旦关系开始太近，我就将自己投入自行车骑行和旅行中，以此逃避。但我也在探险，我开始写关于那些遥远地方的故事，并以此为生。1994 年，我成为一家自行车杂志的编辑，我很快意识到，这份工作最好的地方就是能够去异国旅行。

我开始用自己的方式去探索世界上各种崎岖不平的地方，有时甚至和鸟类一起。在穿越委内瑞拉安第斯山脉的山地自行车之旅中，我花了一整天在薄雾中穿行。天气越来越冷，越来越潮湿。好几次我都想转身撤退，我真的很害怕长时间下坡会导致体温过低，但是我自己的痴迷不允许我那样做。就像父亲永远不会放弃寻找他的怨念种一样，我也永远不会放弃骑自行车，尤其是前面还有一座山峰要攀登的时候。当我终于到达山顶时，乌云散开了，我看见了一只巨大的鸟，在我上方一米多的高度滑翔，它的翼展比我的身高还要宽大。

“神鹫。”我对自己说。

安第斯神鹫。

我怎么知道的？

我不是观鸟者，长远来看不是，但是很久以来，鸟类已成为我生命中的一部分，皆因它们是父亲生命中的一部分。

那年圣诞节，我突然产生了要和父亲一起去看他的第 7000 个鸟种的想法。那时我已回到加利福尼亚，但由于我的大多数杂志客户都在纽约，所以我经常去纽约出差。每次去，我总是和父亲一起去徒步观鸟。我坚持问他我是不是可以一起去，他总是说不。

之后，我意识到，他是真的不想让我去。

至少他告诉了我，他会在哪一趟旅程中看到“里程碑式”的鸟种：巴西亚马孙雨林为期三周的观鸟之旅，与布雷特·惠特尼一起。

“我也要去。”我说。我是认真的，不管父亲怎么说。

“那要是这次旅行我看不到那种鸟怎么办？”父亲说。

我很清楚，他完全知道自己什么时候会看到第7000种。这种事情他不会只指望运气。

但是我打趣他说：“那我们就能度过一段美好的父子时光了。”

从我十岁起，我们就再也没有一起旅行了。

父亲还在劝阻我，但是当我付了旅行押金并买好机票的时候，情况发生了变化。我开始收到从东汉普顿寄来的包裹：一张手写的需要我学习的书籍清单，然后是详细说明；我应该练习识别的一些特定鸟类；一本属于我的全新手册，斯蒂芬·希尔蒂和威廉·布朗撰写的共836页的《哥伦比亚鸟类手册》，这是巴西那个地区公认的指南书。父亲已经用便利贴标记了相关页面。

我突然觉得自己像是回到了西班牙，和他一起坐在海边，一起看彼得森手册。

那个时刻，刻骨铭心，如同一个梦幻，其中隐含了太多的痛苦。

此刻却正相反，即将从最隐秘的角落显露的，是爱。

1999年9月下旬，我飞往迈阿密，在机场与父亲碰头，然后一起飞往玛瑙斯。在巴西航空公司工作的一个朋友给了我们一个惊喜，帮我们升到了头等舱。父亲一直都坐经济舱，他惊讶于那些免费赠品：口罩，一小瓶古龙香水，脆弱的一次性拖鞋。我们凌晨 3 点钟到达，父亲向我介绍了另外两名超级记录者——吉姆·普莱勒和比尔·拉普，还有那次行程的负责人布雷特·惠特尼和一位年轻的鸟类学家马里奥·科恩哈夫特。同行的还有五名观鸟者，他们的清单数都是四五千种。观鸟之旅从来不需要等待，因此我们立即出发，离开机场几千米后，从一辆狭窄的小货车中爬出来，开始寻找大林鸱，一种像夜鹰的鸟，然后再前往雨林。

旅途开始前几周，父亲告诉我，他有几次梦见吉姆和我，我们还很小，他总是很开心。“那是我最喜欢的时光，”他说，“你们还那么小。”这是我第一次真正了解，他走过的路有多么难，他的梦想那么早就被视为不可能，以及我们对他的意义，尽管已经过去了 30 年。我感到难以承受。我从未见过他的梦想是如何被打断的，以及他的痴迷如何使他无法陪伴吉姆和我。他被夺走的东西，也是我们被夺走的东西，而且他似乎比我们更加两手空空。我结结巴巴地说：“现在可以成为新的我们最喜欢的时光。”

接下来的十天里，我们在亚马孙河上来来回回。我不能说一直都很有趣。过程中充满了焦虑，父亲的持续紧张使我几乎无法和他轻松相处，而且由于我们挤在一个小木屋里一个多星期，与他交谈的困难——比如当谈到任何个人事情时，他都会立刻转移话题——也更大了。我也很讨厌这次旅行的“不接地气”：我以为我们会走很多路，依靠自己的力量旅行，可是正相反，我们大部分时间都花在了坐货车或者坐船去观鸟的地方。尤其是坐船更让我厌烦，除了偶尔跳入里约内格罗河黑暗的河水中以外，几乎没有任何其他形式的运动。父亲也不大像是这个团队中的一员，他抽烟的习惯使他和众人有点疏离，尽管他在点烟时总是与其他观鸟者保持一定距离，但显然有些成员不太喜欢他的抽烟行为。最糟糕的是，一辈子吸烟的恶果正在显现。走不了多远，他就感到有些困难，而且常常坐在一个可以折叠的藤条椅子上休息。我听到一个客人说当父亲告诉她自己只有 64 岁时，她很震惊："他看起来要老上十岁。"过去十年一直带着父亲观鸟的惠特尼告诉我："你爸爸看起来有点不对劲。"惠特尼的母亲是因肺癌去世的，他补充说："除非他能有一些改变，否则他恐怕只有五年好活了。"惠特尼后来告诉我，他工作中一个苦乐参半的部分是，他结识的这些超级记录者正在实现他们一生的抱负，但同时也在走向暮年。"我目睹了很多人，"他说，"走向生命的尽头。"

巴西之旅团队里有三位超级记录者。吉姆・普莱勒是一位退休的石油公司高管，才刚迷上观鸟，每年要出行十次，正以最快的速度建立他的清单。他的鸟种在 7200 种左右，他通过不断观鸟，在机构组织的和私人定制的观鸟旅行上花费了创纪录的金钱，才得以在创纪录的短时间内建立了这么大的个人清单。比尔・拉普以前曾和父亲一同观鸟，他再进行两三次观鸟旅行就可以达到 7000 种鸟了。对于并不热衷追逐鸟种的人来说，不管你是不是和自己的亲人同行，这种旅行可能都是兴奋与无聊参半的。你会和一群戴着高档蒂利牌帽子（作为一名"真正的”户外作家、偶尔的冒险家，我很鄙视这种雅皮士的旅行装备），穿着卡其色裤子、带肩章的户外衬衫、相机背心，身背双筒望远镜，还散发着高浓度驱蚊剂的味道（他们在几周内要搜寻上百种鸟）的人混在一起。鸟导们会帮助大家一种鸟一种鸟地定位，播放他们希望看到或刚刚在灌木丛中听到的鸟的鸣声录音。

一旦目标鸟开始回应，鸟导就会将这个声音录制下来，然后重新播放。当这只鸟出现时，每个人就都能清楚地看到。随着团队从一个鸟点转战另一个鸟点，这一过程每天要重复数十次。

有一个特殊的词汇出现了。

“我们要去河边，试试找一下那只蚁鸟。”惠特尼说。

“那儿有一只黑顶厚嘴霸鹟，”马里奥喊道，“如果有人需要的话！”

对超级记录者来说，“需要”非常重要。父亲和普莱勒花了很多时间来制定战略，并向鸟导刨根问底。“在下一个岛上有看到某某鸟的机会吗？”两人之间有一种竞争，他们的观鸟行为都很生猛，他们彪悍、不同寻常的作风令他们颇有共鸣。

一整天的观鸟结束后，我们在三层船屋的餐厅里集合，这艘船一直伴随我们沿着亚马孙河和内格罗河航行。我们围在一堆打印好的表格旁边，表格上是需要打钩的鸟种列表。惠特尼和科恩·哈夫特主持每日例会，按时间回顾当天所见，然后由各位观鸟者来决定自己是否真正看到了这些鸟。把别人看到的鸟种也简单地打上钩，是很有诱惑力的。“这种事一直在发生。”惠特尼说。

这期间，一些鸟种正在被拆分。父亲决定不记录那只可能会从纯色软尾雀中拆分出来的潜在新鸟种，但在读了惠特尼最新发表的论文后，他接受了将暗灰蚁鵙拆分为八个不同鸟种的观点。他曾在八个不同的拆分相关地区看到过这种鸟。

惠特尼称这些鸟为“待定鸟种”。

我在观看统计数据并聆听有关鸟种拆分的讨论时，心里却在想：惠特尼早就说过了，鸟儿们对我们所起的鸟名并不感兴趣，我们宣布它们之间有还是没有亲属关系，它们也毫不在意。不过，超级记录者们非常关注。鸟类学是一门独特的科学，有一种嗜好给它提供了大量金钱。我的生物学家朋友汤姆·哈金斯曾和我们一起寻找加州蚋莺，他本人在莫哈韦沙漠中研究风滚草。“没人会付给我一大笔钱带他们看一堆树枝。”他开玩笑说。鸟种拆分是真正的科学，但是在这样的旅行中，傍晚的清算鸟种活动好似一场疯狂的拍卖会，业余爱好是压倒一切的。在这样的时刻，人们很容易忘记所有的拆分都与物种的定义以及进化的核心有关，而不是数字。我问吉姆·克莱门茨鸟种拆分对谁更有利，是观鸟者还是鸟类学家，他告诉我：“这不是问题，对两者都有好处，但对观鸟者来说简直棒极了。”

父亲的个人鸟种达到 7000 种之前两天，我们进行了此次旅途中最长的徒步。走了 1600 多米以后，我们才看到一个新鸟种。我们穿行在茂密的热带森林中，最终到达一个空旷的地方：它曾是一个农场，野甘蔗到处生长，形成了低矮的树篱。父亲和我紧跟着惠特尼。那是个好地方。不久，我们就成为世界上看到最新发现的委内瑞拉蚁鸟的第二、第三和第四个人。

即使对我这样的非观鸟爱好者来说，这也是件很酷的事儿。父亲和我握手，他笑了。

返回的时候，大家走得很慢。离船不远时，我看了看父亲，他脸色苍白，浑身发抖。他靠在我身上。我问他是不是心脏不舒服。“不是。”他说，将胳膊攀在我身上，我扶他上了船。他的呼吸慢慢恢复了正常。“谢谢。”他握着我的手臂说。我把他扶进房间，他上了床，几乎立刻就睡着了。

第二天，我可以看出，步行已经吓到了父亲。那群人往丛林走时，父亲忍住了。我打算和他们一起去，然后告诉父亲是否有他的目标鸟出现。这是一个可行的方案，虽然我的才能有限，起的作用可能没有那么大。那天晚上睡觉前，父亲的清单总数是 6997。第二天应该就能达到 7000 种的目标了。

事情发生得很快。我们很快从船甲板上看到了两只鸟，褐头绿莺雀和红蚁鹟。然后我们穿上橡胶靴，划船驶向小岛，这个岛比棒球场大不了多少，灌木丛密布。只走了一米多我们就进入了树林，地面柔软潮湿。我背着背包，里面藏着一瓶香槟，是从迈阿密机场一路带过来的。

惠特尼突然举起手臂。

他听到了什么。

前一天晚上，父亲给我看第二天上午可能看到的六个新鸟种的名称。

惠特尼低声说：“可能是一只黑霸鹟。”

新热带界的鸟类，根据它们的行为，常常会有一个有趣的名称。叫鸭的会尖叫，蚁鸟则追寻蚂蚁。（事实上，在热带丛林中找鸟的最佳方法之一就是向下看，跟随成群的蚂蚁，它们通常在地面上形成一层令人毛骨悚然的活动“地毯”。随着蚂蚁的行进，其他昆虫纷纷避让，而鸟群则蜂拥而上，将它们吃掉。鸟类学家称这种热闹场景为“鸟类派对”。）霸鹟是一种捕捉飞虫的鸟类，以其霸道的行为而闻名。

但我不记得当时听到的这只鸟是否是父亲还未见过的鸟种之一。我转身想问，但还没开口，父亲就示意我别出声。这让我明白，那只鸟就是。

那一刻，如慢动作般。丛林是一个嘈杂的地方，但也可以变得很宁静，你听不到飞机或汽车声，说话声或音乐声。鸟类和其他野生动物的声音似乎融汇成一种单一的、环绕的嗡嗡声，不一会儿就听不见了。

惠特尼伸出他的麦克风，然后按下“录音”按钮。鸟儿再次歌唱。惠特尼倒带，然后按“播放”。一次，两次。回应的鸣叫听着似乎有点儿生气。这只鸟正在回应我们向它挑战的声音。我看看父亲，他镇定自若，惠特尼也是。他俩都知道，就是这种鸟，在鸟还没出现就知道了。

父亲是团队中第一个看到它的人，一只小小的灰色的鸟从灌木丛中突然跳出来。这只鸟真的很小，有些霸鹟头上有羽冠，但这只没有。对于观鸟者来说，鸟并不是因为显眼的外观特征才会特别，有些最不起眼的鸟种也可以在清单中占据不朽的地位。

惠特尼再次播放录音。鸟更近了。这次，每个人都看到了，父亲朝我走来，将我的望远镜指向正确的方向。我瞥了一眼，然后把手伸进了背包。我们喝了香槟，拍了照片。父亲拥抱了我。

是时候继续前进了。当然，还有更多的鸟可以看。

超级记录者是一群令人着迷、充满激情的人，但他们不一定容易相处，而且在我看来，他们也不会让自己轻松。我们从巴西回来后，我的兴高采烈变成了恐惧。父亲病了，我可以断定。他收获了将近70个新鸟种，这使他的鸟种总数达到7041种，但他精疲力竭，嗓音也逐渐嘶哑。当我告诉他，他需要做健康检查并要求他戒烟时，他完全不屑一顾。我们最近建立起来的亲密关系仍是有限的，这一点我并不惊讶。要接近父亲，我还得通过观鸟。

事实上，他知道自己病得很重。那一年早些时候，他进行了四次观鸟旅行，在2月的南极洲之旅和4月的不丹之旅期间，他短期失声，无法说话。去巴西之前，他看了医生，医生发现他的声带上有结节。“我知道自己需要进行活检，”父亲说，“我知道自己出了问题。”

但是他没有告诉任何人。相反，他继续追寻他的第7000种鸟，而且继续抽烟。这是一个愚蠢的选择吗？也许。但是我们当时已经在计划行程，我想他不仅为自己，为清单，也是为了我做出了这个决定。

我的文章本应该是对这次旅行的简单记录，但是经过和父亲的交谈，我想问的越来越多，关于清单，关于他见过的鸟，关于他去过的地方。他保留了旅行记录，要找到细节很简单，但其中包含了他以前从未告诉过我的：他的人生故事。我和他的朋友交谈，童年伙伴、军队里的朋友，向他们询问关于父亲的事。（我甚至找到了现年92岁的威尔·阿斯特尔。他给我讲了带父亲去佛罗里达观鸟的故事。那是一个很棒的故事，但其实并未发生过。阿斯特尔可能把父亲和另一个年轻观鸟者搞混了，但他的大部分细节是正确的。）令人惊讶的是，他们描述的是一个我几乎不认识的人：一个开朗、热情，充满抱负和乐观的人。

在这期间中，布雷特·惠特尼打电话告诉我，菲比·斯内辛格去世了。我还在担心父亲的健康，我很难过，这种难过也带有一点自私，因为我再也无法采访她了。其他超级记录者提供信息的意愿不尽相同。我找不到斯图尔特·斯托克斯，吉尔斯顿和兰伯思也没有回应我的采访请求。但是乔尔·艾布拉姆森、吉姆·普莱勒和彼得·温特都很乐意谈论他们的观鸟成就。当我告诉艾布拉姆森父亲的清单总数已经超过 7000 种时，他说："他打败了我！那个淘气鬼！"（当然，他并没有直接使用"淘气鬼"这个词，但意思是这样。）我和彼得·凯斯特纳进行了交谈，他的描述不同于其他人。

2000 年 1 月 4 日，父亲抽了最后一支烟。他去南安普敦医院做了检查，我从洛杉矶飞过去陪他。医生一看组织样本就知道了，父亲在病房里告诉我病情。我不觉得自己很坚强，但我坚持走到医院停车场才开始崩溃。诊断显示他得了喉癌。

父亲禁止我在关于巴西之旅的杂志文章中提他的病，他不想让全世界（尤其是他的观鸟伙伴们）知道。他的预后效果很好，治疗是非侵入性的，唯一明显的副作用是他的声音嘶哑。但我们一直在聊天，故事发表以后，父亲非常高兴，我也很高兴。

我觉得那是他第一次真正为我感到骄傲。

父亲的病并没有动摇他的目标：他还要继续观鸟。

4月，他又出发了，去了摩洛哥。7月，他去了加那利群岛。那时他的清单数是7080种。他预定了11月一次重要的观鸟之旅，再次跟着“荒野指南”公司前往阿根廷。对此我并不感到惊讶。但当父亲犹犹豫豫地提议我也一起去时，我非常惊讶。

“我想你可能会喜欢。”他说。

他甚至提出要为我付款。我震惊了。

9月，我被派往迪士尼乐园，为旅行杂志撰写文章，我整天都在“工作”（乘坐乐园的过山车）。当吉姆打电话告诉我父亲心脏病发作时，我正感到精疲力竭。我得尽快赶去纽约。我在他马上要手术的到达。再次见到他时，他已经做完了三重心脏旁路手术，正在重症监护室里。他看上去虚弱而恐惧。管子和呼吸器包围了他。

我也有同样的感觉：完全无助和恐惧。

“我觉得你应该取消阿根廷之旅。”他说。

手术以后，我在东汉普顿待了近一个月，陪伴父亲康复。对于像父亲这样一个严重渴求秩序的人来说，长时间缠绵病榻是很痛苦的。当他要我为他做事时，他会确切说明我需要采取的步骤。“从工具箱中拿出扳手，再回来。”他会这样说。当我返回时，我会得到下一个任务：“现在，去游泳池过滤器那儿。”

他仍在追鸟。

我从不认为父亲特别坚强或勇敢，但在接下来的六个月中，我看到了父亲顽强的一面。他的磨难尚未结束。例行检查显示，父亲的喉癌复发了。弟弟吉姆和我起初感到沮丧，因为刚开始有症状时父亲拒绝戒烟，还推迟了活检，这可能导致了他的放

疗无效（尽管我们没法确定是否如此）。

放疗失败的患者通常有一种选择：喉切除术，这是一种去除颈部声带的残酷手术。父亲不想知道手术的成功率。当我查看数据时，我被吓到了：无论有没有手术，都活不过五年。但是事实上这并没有多大参考价值，由于父亲心脏病发作，他的医生都不敢进行手术。“他担心我会死在手术台上。”父亲说。

吉姆很英勇，他坚持要父亲去找纽约的专家。父亲最初是反对这个想法的，但他还是同意了。专家告诉他，波士顿正在进行一项实验性疗法。声带仍需要去除，但是是采用对准喉咙的激光来烧除，这项试验疗法同意接收父亲。自从巴西之旅以后，我们又同住一室，就在马萨诸塞州总医院附近的假日酒店。我们出去吃晚饭，但那晚的一切都变得没有生气、一片漆黑。我们回想起巴西，父亲说：“我认为那是我的最后一次旅行。”

那一刻，我成了不想倾听的那个人。

父亲的治疗又持续了一年，他需要做几次后续的激光治疗。手术后最大的奇迹是他可以说话了。会有人教授那些失去声带的患者一种方法，通过振动喉咙中的空气来学习说话。一名语言治疗师在手术前让我们不要期望太高。她说：“即使通过训练，许多人也做不到。”父亲甚至不需要训练。手术十分钟后，他就用嘶哑的声音说了一堆需要我替他做的事情。

父亲的清单仍然排名世界前十，但是其他人的排名有所变化。父亲与吉姆·普莱勒通过电子邮件建立了友谊，普莱勒以惊人的速度接近 8000 个鸟种，可也就是父亲得心脏病的那一年，普莱勒罹患肺癌，几个月后就去世了。父亲非常伤心。在普莱勒身上，他发现了一种志同道合的感觉，普莱勒跟他一样是认真刻苦、勤奋努力的人。彼得·凯斯特纳和普莱勒正好相反，他的鸟种数增加很慢，可他比7000俱乐部的其他任何成员都要年轻约20岁，他现在的记录是7958种。排在凯斯特纳前面的还有一名观鸟者：汤姆·古里克，8114个鸟种。彼得·温特的清单大约有7800种，约翰·丹泽贝克紧随其后，而吉姆·克莱门茨的鸟种数约为7200种，他仍在努力清理秘鲁的鸟种。

2000年以后，父亲就再也没有进行过观鸟之旅。他的鸟种数现在已超过7200种，但主要靠鸟种拆分来增加数量，这方面他一直密切关注着。我一直想让他来洛杉矶，找找山翎鹑，但到目前为止，他还没有来。

“我没办法解释，”父亲说，“但我对鸟类不那么感兴趣了。”

他真正想去的地方，哥伦比亚和印度尼西亚，现在都被认为是太危险的旅行地。他有一个需求清单，包括了那些可以很容易帮他达到7500种的国家，但这都只是推测。父亲说：“事实是，我做了我想做的事。”

此外，还有一些事发生。父亲的治疗仍在继续。他接受了好几次喉咙的手术，烧掉了可能妨碍他呼吸的疤痕组织。他被诊断出患有前列腺癌，并接受了治疗。我写本书的第一部分时，他又需要进行一次主动脉瘤修复手术。现在这些问题都已解决，他比在巴西时更强壮、更健康，但他仍然担心无法进行太远的旅行，他在17年中总共进行了59次观鸟之旅。

他仍在观察院子里的小鸟，希望看到新的鸟种，但他说不准自己是否能看到200种。

不过现在，他的大部分时间花在了一种新的追求上。

2001 年夏天，当地的自然博物学会发起一次蝴蝶漫步活动。父亲去了。之后，他买了一本蝴蝶野外指南、一副近焦双筒望远镜，很适合用于昆虫研究。

一些事情发生了变化。

“只能留在本地是一个因素，但还不是唯一的原因。观察和学习蝴蝶让我感觉不错，使我重新获得了早年我对鸟类的好奇心。”他停了一会儿，“观察蝴蝶，我不需要太疯狂、太上瘾。”

是的，他有了一份蝴蝶清单。去看望他时，我们会去寻找新的蝴蝶和飞蛾，回家以后，他将它们写下来。

但是他没有计数，至少他是这么说的。“我知道我想看什么样的蝴蝶，”他说，“但是我没法告诉你我已经看到多少种了。”

他正在展望未来。

没有什么能比这更让我快乐了。

尾声　不同的计数方式

2004年初，我飞往巴西与彼得·凯斯特纳会面。和我交谈过的每一位认识凯斯特纳的超级记录者和鸟导，都认为他是最有可能打破菲比·斯内辛格纪录的人。过去几年凯斯特纳在美国驻巴西利亚大使馆担任领事官员，即将调任。他邀请我参加他在南美最后一个周末的观鸟活动。他的目标是：收获12个新种，这将使他的个人清单增加到7950种。他解释说，他自己的习惯之一就是“喜欢整数，这使得事情很规整”。

我们一起飞到了玛瑙斯，抵达父亲冲击7000种的那次旅行的机场。我们从那里乘坐小型通勤飞机去往雨林深处偏僻的博尔巴村。凯斯特纳一刻也不想休息，他不想去亚马孙村子里的小旅馆办理入住，也不想取水。他迅速组装了装备：双筒望远镜、单筒望远镜和录音机，然后要求前来迎接我们的司机内森在正午的高温下快速穿越雨林，在一条泥泞崎岖的道路上前进，直到进入一条丛林小道。凯斯特纳跳下车，我跟在后面，努力跟上，尽量保持安静。我们踏过厚厚的扭曲缠结的匍匐无花果藤蔓，小心翼翼地穿过一群行军蚁。当成百万的蚂蚁大军从一棵树爬向另一棵树时，我们可以听到其他昆虫试图避开这股洪流的跳跃声。蚂蚁是一个好兆头：躲避蚂蚁的生物会引来鸟儿——几十只，属于十多个不同的鸟种。在雨林里是很难观鸟的，这里黑暗、树木浓密，几乎没有腾挪的空间，视野也很狭窄。凯斯特纳扫描了鸟群。“也许是他。”他说。他将磁带放进录音机，然后按“播放”按钮。他看到了我没发现的东西。倒带。回放。

再放一次。

再放一次。

突然，它出现了。录音带上有珠翅蚁鵙的声音，这是一种独特的鸟，世界上共有数十种蚁鵙，但只有这一种鸟的翅膀上有较大的白色斑点。这仅是凯斯特纳为这次出行收集的几十种鸟鸣声之一。他迅速抬起双筒望远镜，并确认了这一记录。

“我们看到了，”他拍了拍手，“我们的第一种鸟！”

我第一次见到凯斯特纳是在他工作的地方。我从巴西利亚机场乘出租车去了美国大使馆，使馆复杂的建筑建在修剪得奇形怪状的园地上，那里是巴西“未来之城”的象征。巴西的首都始建于 1960 年，城市像是直接从外太空被放置在这个广阔无垠的丛林中的（艺术史学家罗伯特·休斯称这座城市为“乌托邦式的惊恐”）。经过几个检查站后，我被人护送到凯斯特纳的办公室。他在美国国务院担任很高的职务，我不禁猜测，这名保守持重的专业人士是否会成为观鸟界的未来之星。大多数顶级观鸟者都有自己的怪癖和独特的观鸟驱动力。就凯斯特纳而言，我很快发现，他的驱动力就是他的怪癖。

凯斯特纳和我父亲都具备出色的观鸟技巧，但他们的风格和观鸟动机完全不同。父亲为自己观鸟，这项活动满足了他生命里一种无法遏制的渴求。凯斯特纳的动力则简单得多。“我想赢。”他告诉我。

凯斯特纳在巴尔的摩长大，小时候母亲就去世了，他父亲需要抚养七个男孩和三个女孩。“那是一个充满竞争的环境。”凯斯特纳说。凯斯特纳的父亲不是定期给孩子们零花钱，而是将硬币扔在客厅的地板上。“我们必须为这些钱而战。”年纪较小的凯斯特纳（他是倒数第三小的孩子）则需要更加强悍一些。全家人在各种事情上都得竞争。“和他们一起打网球，”彼得的妻子金伯利·凯斯特纳说，“你得使出浑身解数。”凯斯特纳的眼睛看上去炯炯有神，不断扫视周围的环境。事实上，我很难相信，身高一米八多，体格健硕，金发碧眼，典型北欧人长相的凯斯特纳能够很好地融入我们即将前往的丛林环境中。

凯斯特纳从十岁开始和他的哥哥汉克一起观鸟，两个人立即成为竞争对手。随着他们逐渐长大，两人开始用各种方法去往世界上鸟资源丰富的国家观鸟。

汉克是一名香料进口商，他可以去到世界各个偏远地区，顺便观鸟。彼得加入了和平队，然后成为外交官，他特别要求被派驻得偏远一些——新几内亚、所罗门群岛、危地马拉——那里有大量的鸟类。凯斯特纳有一个总体规划，与其他超级记录者完全不同，因为观鸟已经融入他的日常生活。他提前几年就把一切都计划好了。在他的下一个就职地开罗，他有可能达到 8000 个鸟种。8500 种呢？还需要五年，他说他将在巴西实现这一目标。这些行程都在他的计划之中。

“时间，就是我的武器。”他说。

三天的时间，我们一直在观鸟。我们在双面打印的表格中列出了 62 种鸟，并以常用名和学名来排列。

这个“需要清单”包括加粗显示的 16 种鸟（那是他还未看到的鸟）、荧光笔标记的鸟（在博尔巴村附近被发现的鸟，不管他有没有看到过）、字体为斜体的鸟（他还没有录下鸣声的鸟）和普通字体的鸟（他看到过这些鸟，但不是在巴西；像大多数超级记录者一样，凯斯特纳有单独的记录在某一国家和地区看到的鸟的清单）。有些鸟名旁边标有字母 E，表示他此次旅行希望收获的鸟种，就是那些能帮他凑够整数清单的鸟，一共有 12 种。

这些鸟里并没有哪一种是凯斯特纳特别需要的——他需要全部，就是这样——但这些鸟都是热带特有鸟种。其中有一种鸟，黄颊哑霸鹟，已经 150 年没有野外记录了，人们一度认为它已经灭绝，直到 20 世纪 90 年代初再次发现。此外还有罕见的灰脸裸眼蚁鸟和白尾伞鸟，后者是凯斯特纳的怨念鸟种。“那种鸟真是我的霉运。”他说。我们走回公路上，停了一会儿，凯斯特纳对着一只长尾巴的黑腹鹟䴕调整他的单筒望远镜。这只鸟长着闪亮的蓝黑色羽毛，从栖枝上跳起，翻筋斗，抓住飞虫，然后翻身飞回树枝。“也许你的好运气可以帮我看到伞鸟，”他开玩笑说，“总有人可以的。”

凯斯特纳花了好几周时间为那次旅行做准备，收集各种目标鸟种所在地点的信息，一遍又一遍地研究所需鸟种的鸣声。他提醒我要带上食物，因为可能要在荒野里待上很长时间，尤其要注意不要挡路。但我发现他在知识给予方面相当慷慨，有时我不禁会想，如果我父亲也是这样的话，我可能还会对观鸟更感兴趣。凯斯特纳会花时间向我展示他已经看过 12 次的鸟，他甚至还指导我采用适当的方法使用望远镜：先用肉眼找到那只鸟，然后将望远镜举到目光凝视的地方，这样就可以将视线集中在同一点上。

“你对我这么好，是因为我会给你带来找到伞鸟的好运吗？”我开玩笑地问（这可能与他天生的交际能力和外交技巧有关）。

“当然啦。”凯斯特纳说。

过了一会儿，我们到达小路的尽头，但一天的忙碌还远没有结束，我们将去往另一个地方。凯斯特纳将单筒望远镜放进车里时，最后再抬头看了一眼，只见一只鸟从一棵树的树冠飞越这条土路到另一边的树上。凯斯特纳大喊：“白尾伞鸟！”他抓起望远镜对准树梢，又因为太高兴而跳了起来：“找到它了！我们找到它了！”他在我背上拍了一巴掌。[1]

庆祝活动又持续了四秒钟，然后我们继续逐鸟的旅程。

第二天早上，我们乘着一条嘎吱作响，还在漏水的独木舟缓慢地沿着亚马孙河的支流马皮亚河顺流而下。我们凌晨三点起的床，开车进入丛林。凯斯特纳用巨大的聚光灯照亮树丛，我们看到了蜘蛛和林鸱闪烁的眼睛——林鸱和加利福尼亚州常见的夜鹰有亲缘关系。第一天结束时，我们只收获了三个新鸟

① 凯斯特纳终于找到那只鸟时所表现出的兴高采烈让我颇为震惊，与他相比，父亲的情感流露实在是太有限了。——作者注

种，但凯斯特纳仍然认为他能找到全部12种。我们到达河边的时候，天刚刚破晓。超级记录者通常习惯于短时间大量增加鸟种，但在过去两年中，凯斯特纳的清单增长速度尤其疯狂。他最初的计划是在巴西一直待到2007年，但他的妻子（也为美国国务院工作）在埃及有一个工作机会。对他来说，埃及，整个非洲都是好机会，这个变化使他需要对总体规划做一些调整。他说："我加快了速度。"2003年，他看到了1000多个新鸟种。2004年6月离开巴西之前，他增加了800多个新种。

凯斯特纳广泛涉猎，收集了大量英国观鸟者所说的"Gen"（英语单词general的缩写），即"综合信息"。"综合信息"包括目标鸟种的位置数据、搜寻方向以及其他关键信息。（对于带队的鸟导来说，他们不少人是在有竞争关系的公司工作的，他们个人的"综合信息"一般都会秘而不宣，就像人们对一个极佳的垂钓地点保密一样。不过，他们会将这些消息透露给凯斯特纳。"他们知道我不会泄密，"他说，"我能处理好这些敏感信息。"）收集各种信息以后，凯斯特纳着手准备旅行，他会绘制路线图，找住宿的地方，最后生成所需鸟种的列表。

我们划船前进的位置有点麻烦，正处在土著保留地的边界上，是蒙杜鲁库印第安人的领地。根据巴西法律，任何人都不得进入这类保留地，所以我们停船上岸，沿着一条保留地外围的小路进入丛林。

我很快了解到，在丛林中寻找鸟类的关键是先找到蚁群。无独有偶，在亚马孙热带地区，最常见的鸟类族群是蚁鵙、蚁八色鸫或蚁鹩。当你在丛林中行走时，起初会看到一两只蚂蚁，但如果你集中精力，那么两只将变成两百只，然后变成两百万只。当超大一群蚂蚁涌来时，树木和树叶上似乎都在往下掉昆虫，看上去就像是自己在扭动。我们盯着灌木丛观察，看到丛林中的其他昆虫，多半是甲虫和蝉之类，纷纷从地上跳起，避免被蚂蚁掠食，而鸟就飞过来享用大餐。

几分钟之内，我们就收获了目标鸟种中的七种。

这才是第二天的上午十点，我们还有不少时间。“你认为我们能做到吗？”我问。

凯斯特纳没有回答。他相信自己可以，但这样说出来可能会倒霉，所以最好就是继续观鸟。

那个繁忙的早晨只是一整一夜苦行的开始。凯斯特纳在重新计算，试图挤出一天来再去在巴西利亚附近的某个地方待一天，时间太紧了。我不需要问他的意思，我知道他就算只收获九种，也可以轻松离开巴西，他还有够时间冲击8000种，还能保持世界第一的排名。除非有什么事故，否则这些都已注定。但是凯斯特纳想要一个很棒的整数——7950——这我能理解。

他说：“那样会很规整。”

我们又向河边走去。向导淌入河中，将独木舟拖到岸边。

说实话，我们俩都不太自信。在目标鸟种中，我们需要赤顶娇鹟、珠色鹦哥和褐胸须䴕，只有珠色鹦哥有可能在开阔的河面上看到。但我们没时间再进一次丛林。我们看到其他鸟的唯一可能是：它们在追赶什么。

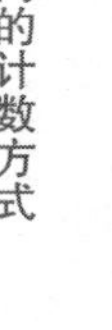

到处都是虫子，在我们身边和树上飞舞。

一只赤顶娇鹟从树上飞射而出，抓了一只虫子。

正如我所说，凯斯特纳是一个非常沉稳守旧的人。一个人如果野性十足，是不大可能做到外交这一行的极高职位的，至少，你得学会控制自己的野性。除非你身在丛林深处，正处于观鸟的狂喜中。

“我的……”凯斯特纳大叫，说了一个与脏话相关的词。

这可能是凯斯特纳这一年来第一次这么说。事实上，当我后来发表有关这次旅行的文章，并且重复他的原话时，凯斯特纳写信给我，稍微有点懊恼。

幸好我们是在水上航行，因为 20 分钟后，距离我们看到娇鹟不到 100 米的地方，我们想要看到的珠色鹦哥从水面飞过。这不算是太不寻常的景象，但真的很棒，凯斯特纳听起来像个水手。

还有最后一个。

还剩最后一天。

在彼得·凯斯特纳搜寻亚马孙丛林的最后几个小时里，我们看到了许多令人惊奇的事情。我们遇到一家人在一个巨大的烤炉上烧烤木薯，这是巴西人的主食（我们有时会用它来做木薯布丁）。他们原本打算吃烤猪，但是老鹰把猪抓走了，他们只好用仅有的食材来做饭。尽管如此，他们还是和我们分享了一些用香蕉叶包裹的小蛋糕。我们看到了我最喜欢的鸟：雄伟壮观的美洲角雕，头上的羽毛像是莫霍克族印第安人的发型，飞行速度超过每小时 80 千米，能够灵巧地直角转弯，穿越茂密的丛林。天亮之前，我们看到了几颗流星，还看到了一群吼猴正沿着树梢移动。

之后，我们看到了那只须鸳。

太阳正在升起，它从树上掠过。不是很清楚，但褐胸须䴕是一种不大会被认错的鸟，它身体矮胖，羽毛奇特，仅凭侧面剪影就可以判断。凯斯特纳确定就是它。

观鸟者必须非常确定，才能将一个鸟种添加到他们的清单中。他可以通过几种方式确定。通过望远镜清晰地看到是最好的，对播放鸣声的回应也是一种合法的验证手段。没有鸣声验证，也没有看清楚的话，只能靠推论了。在巴西的这一地区，只有这一种须䴕，因此我们看到的绝对没错。

第 7950 种。

很具有戏剧性，对吗？“规则，”凯斯特纳说，“就是规则。我希望能看得更清楚，有一天我会的。但今天这个鸟种我可以打钩了。”

毫无疑问，凯斯特纳很快就可以达到 8000 个鸟种，世界排名第一。如果不计算以后的拆分鸟种的话，他可能会创造一个很难打破的纪录。唯一的问题是：为什么？为什么是鸟？为什么要看尽天下鸟？

凯斯特纳的一生都在有意识地围着鸟打转。不像职业运动员那样运动生涯短暂，也不像登山者或者马拉松运动员那样一年几次，凯斯特纳业余时间的每一分钟都花在追寻鸟类或为观鸟做准备上。通过观察他和父亲的行为，了解其他超级记录者的技术细节，我意识到他们是十分认真严谨地在为观鸟出行做准备——无论是一次周末观鸟，还是要和团队一起在丛林里待一个月，就好像这是职业比赛一样。要看到成千上万的鸟，不一定非得要训练——哈维·吉尔斯顿就不这么做，但是要赢得

竞争对手的尊重，严格要求、刻苦努力是必不可少的。

如此看来，没有比凯斯特纳更“职业化”的观鸟者了，他将其看成是一项运动。为什么？

“因为我有目标。”凯斯特纳说。

因为他想赢。

到底赢什么？

我希望他能回答，但我知道他也回答不了。一个人沉迷于一件事情中时，是看不到自己的沉迷的。能看清可能也就无法继续下去了。同样，父亲也永远无法解释为什么他如此痴迷观鸟。直到他的身体状况出了问题，我才开始思考一些更大的问题：为什么痴迷？是为了填补生命中的空白吗？这行得通吗？

我认为不是这样的。父亲不是，我也不是，也许任何超级记录者都不是。

我认为答案与一种更为直接的关注有关，就像那些后院观鸟者。这是一个世纪前用猎枪来认识鸟类的收集者的热情，也是今天驱动鸟类拆分专家的动机。是什么构成了物种？或者，更广义地说，是什么造就了生命？鸟类向我们展示了，并且自始至终一直在向我们展示，什么是自然，不只是在外观上，更是一种观念。这是我们热爱的东西，我们珍视的东西，这些情感隐藏在无数的命名中，隐藏在计数中。鸟类不需要我们给它们起名，它们依然在树上蹦来跳去，在天空纵情飞翔。但是通过观鸟，通过分类——无论是识别后院的小鸟，还是在巴西热带雨林中不懈追寻——我们正逐渐解开自然的奥秘。我们不只是为鸟类命名，也不只是为鸟类计数，我们这么做是为了彼此。这样做时，在那短暂的一刻，我们是在与鸟儿一起翱翔。

参考文献

[1] ALDEN P, GOODERS J. Finding birds around the world[M]. Boston: Houghton Mifflin, 1981.

[2] BARROW M V, Jr. A passion for birds: American ornithology after Audubon[M]. Princeton: Princeton University Press, 1998.

[3] BULL J. Birds of the New York area[M]. New York: Harper & Row, 1964.

[4] CHAPMAN F M. Autobiography of a bird-lover[M]. New York: D. Appleton-Century Company, 1935.

[5] CHAPMAN F M.Handbook of birds of eastern North America [M]. New York: D. Appleton-Century Company, 1939.

[6] CLEMENTS J. Birds of the world: a checklist[M]. Vista, California: Ibis Publishing Company, 2000.

[7] COUES E. Key to North American birds[M]. Boston: Estes and Lauriat, 1884.

[8] CRUICKSHANK A D. Birds around New York city[M]. New

York: The American Museum of Natural History, 1942.
[9] CUTRIGHT P R, BRODHEAD M J. Elliott Coues: naturalist and frontier historian[M]. Chicago: University of Illinois Press, 1981.
[10] DAVIS W E, Jr. Dean of the birdwatchers: a biography of Ludlow Griscom[M]. Washington, D.C.: Smithsonian Institution Press, 1994.
[11] DEVLIN J C, NAISMITH G. The world of Roger Tory Peterson[M]. New York: New York Times Books, 1977.
[12] DUNN J L, et al. ABA checklist: birds of the continental United States and Canada[M]. Colorado Springs: American Birding Association, 2002.
[13] GRISCOM L. Birds of the New York city region[M]. New York: The American Museum of Natural History, 1923.
[14] HILTY S L, BROWN W L. A guide to the birds of Colombia [M]. Princeton: Princeton University Press, 1986.
[15] KASTNER J. A world of watchers: an informal history of the American passion for birds[M]. San Francisco: Sierra Club Books, 1986.
[16] KAUFMAN K. Birds of North America[M]. New York: Houghton Mifflin, 2000.
[17] KIERAN J. A natural history of New York city[M]. Boston: Houghton Mifflin, 1959.
[18] LEVINE E, ed. Bull's birds of New York state[M]. Ithaca, New York: Comstock, 1998.

[19] MEYER DE SCHAUENSEE R. A guide to the birds of South America[M]. Wynnewood, Pennsylvania: Livingston Publishing Company, 1982.

[20] PETERSON R T, ed. The bird watcher's anthology[M]. New York: Harcourt Brace, 1957.

[21] PETERSON R T. Birds over America[M]. New York: Dodd, Mead and Company, 1964.

[22] PETERSON R T. A field guide to the birds[M]. New York: Houghton Mifflin, 1934, 1947, and 1980 editions.

[23] PETERSON R T. A field guide to the birds of Texas[M]. New York: Houghton Mifflin, 1960.

[24] PETERSON R T. A field guide to Western birds[M]. New York: Houghton Mifflin, 1992.

[25] REMSEN J V, Jr., ed. Studies in neotropical ornithology honoring Ted Parker[M]. Washington, D.C.: The American Ornithologists' Union, 1997.

[26] SIBLEY C G, Monroe B L, Jr. Distribution and taxonomy of birds of the world[M]. New Haven, Connecticut: Yale University Press, 1990.

[27] SIBLEY D. The Sibley guide to bird life and behavior[M]. New York: Alfred A. Knopf, 2001.

[28] SIBLEY D. The Sibley guide to birds[M]. New York: Alfred A. Knopf, 2000.

[29] SIBLEY D. Sibley's birding basics[M]. New York: Alfred A. Knopf, 2002.

[30] SNETSINGER P. Birding on borrowed time[M]. Colorado Springs: American Birding Association, 2003.

[31] STRESEMANN E. Ornithology from Aristotle to the present [M]. Cambridge: Harvard University Press, 1975.

[32] VILLANI R. Long Island: a natural history[M]. New York: Harry N. Abrams, 1997.

译后记

我早年喜欢运动，而运动造成的损伤让我过早地退出。一个偶然的机会接触到观鸟，从此掉进“坑里”，一发而不可收。回想起来，对我来说，其原因跟大多数人着迷差不多。在我看来，观鸟运动量适度，可以在野外游走，充满了悬念和惊喜，既是对观察力的考验，也是对智力的挑战，更是满足好奇心的过程。

我总是有一种去野外观鸟的冲动。倒不一定非要看到什么，只要在野外逛就开心，能看到更是喜不自胜。常常因为一只鸟，那一天，那一趟旅行，就有了意义。但是，对此活动的沉醉，我跟其他人最大的不同，可能还是对观鸟文化的着迷。

观鸟之初，大概是 2011 年头，我看了一部片子——《观鸟大年》。它是根据同名纪实作品拍摄而成的。看完觉得不过瘾，让犬儿从北美购回原著。拿到书后，当初的那股新鲜劲儿已经过了，扔在一边将近两年。大概在 2014 年，不记得是什么契机，我翻出这本书来读，书中展现的观鸟文化让我惊奇不已。穿插在三位竞争者追逐鸟类的故事里，有大段的关于观鸟历史的内容，电影完全略去了这部分内容，比如奥杜邦画鸟、查普曼首倡圣诞观鸟、彼得森革命性的野外观鸟手册、基思开启的跑大年、美国观鸟协会的建立以及观鸟规则的制定……这部分内容我反复阅读，觉得不过瘾，毕竟是插曲，都是蜻蜓点水，让我留下了饥渴和念想。大概是2015年初，去北京出差，我想起十多年前在花城出版社跟邹峙华一起策划出版《昆虫记》全译本后，在北京搞过的一个座谈会，会上北京科学史界的众多学者，像刘华杰、吴国盛、刘兵、田松等都前来捧场。于是请当年活动的操办者杨虚杰女士帮忙约见一二。这才有了席间华杰教授为纾解我的饥渴，介绍莫斯的《林中鸟——观鸟的社会文化史》。为了买这本书，颇费了一番周折。书终于到手后，如获至宝，反复阅读。读书的乐趣有如观鸟，也充满了不确定性，你不知道在阅读过程中，会有什么引起你的兴趣，走上什么岔道。买书的线索，大都来自《林中鸟——观鸟的社会文化史》的参考书目，而唯独这本《看尽天下鸟》是个例外，那是我在亚马逊网站上搜索时，无意中发现的，可看作缘分。通过浏览英文网页，看上某书，下单买入这种事，于我还是第一次。

正是阅读这本书，让我几年的阅读有了不吐不快的冲动。2017年8月前后，一时性起，我写了三篇“鸟文”，一周一篇，一气呵成，极有快感。这几篇东西定稿后，对这类文字的接受度没把握，便胡乱投稿。《南方都市报》发了一篇《一天一年一生——观鸟者的疯狂游戏》，《随笔》杂志选了另一篇《带上彼得森——西方野外观察指南漫谈》，而《Twitcher、稀罕控及其他》一时伯乐难觅，最后试着给《书城》杂志的李庆西兄，中午发去，下午就回复说要用，有些喜出望外。

在这类图书的阅读过程中，曾给出版社推荐过几本，比如《观鸟大年》，可惜晚了一步，版权被买走了，奇怪的是这么多年也没看到中译本面世。山东科学技术出版社社长赵猛兄对观鸟活动颇有好奇，在我的“飞羽踪迹”圈子里虽一直潜水，却是密切关注，好多年前就跟我约稿，邀我出一本我写鸟拍鸟的书。然而，我却拂了赵猛兄的雅意。代之以向他推荐更合适的作者。每有推荐，他都积极响应，可是几次努力都没能如愿，心里一直惴惴不安。关于出版自然类读物，我有些想法，又觉得不是他希望的图文并茂的一路。其实这是我片面地理解了赵猛兄的意思。

目前，博物类图书市场越来越受追捧，我关注的鸟类一块可谓新秀。同时也发现，坊间出版的鸟类图书虽然不少，但散兵游勇，缺少规划，质量参差，尚未见到畅销书。综合类以商务印书馆的一套“自然文库”最得我心，自成体系，其中收入了几本鸟类图书，有几种我是隔一段时间就要重读一次，比如《羽毛——自然演化中的奇迹》《探寻自然的秩序》。其他社的该类出版物，似乎都是随机的，难免散乱。虽然商务印书馆这套书属于通俗学术类，知识性、通俗性兼具，但我无法确定一般读者阅读起来，会不会有兴趣、有难度。在这股风潮中，也有更学术的一类鸟类学图书，在通俗的包装下出版，好奇之下，买来阅读，半途而废。我觉得，坊间似乎忽略了一块。观鸟活动越来越普及，鸟类图集、野外手册、鸟类知识、通俗学术读本等出版旺盛，唯独少有观鸟活动一类的图书。观鸟人群近年来快速增加，特别是围观群众尤其众多，好奇心颇强，如何满足或开发这几类人群的需求，也许是不容忽视的问题，更可能是一个机会。我们不妨看看英美的这类读物的景象。以我有限的阅读，就有比尔·奥迪的《观鸟去》、霍夫曼的《一路

狂奔》、内森的《左撇子观鸟日记》、亚历山大的《观鸟70年》、菲比的自传《向天再借一百年》，等等。

这类图书中，我最喜欢的还是科克尔的《鸟人传》和科佩尔的《看尽天下鸟》。这两本“鸟人”故事，前一种像短篇小说，搜罗了英国观鸟圈子的种种传奇，由无数的故事串联（开笔试译过部分）。后一种有如长篇小说，在西方当代历史的宏阔画卷中，以父亲的观鸟史为主线，以一个家族的故事为背景，串联了鸟类学历史、美国的观鸟史和观鸟的技巧策略铺展情节。在一时痴迷无法释放时，试着给赵猛兄推荐了《看尽天下鸟》，竟然很快就拿下了版权，于是开笔译。翻译的过程中，我常常会不由自主停下来，去翻阅或重温跟里面涉及的话题相关的其他图书，比如《第三帝国兴亡》《耶路撒冷三千年》，了解苦难深重的犹太人的历史；《光荣与梦想——1932~1972年美国社会实录》《伊甸园之门——20世纪60年代美国文化》等，了解20世纪40年代至70年代美国社会的变化，联合国建立、以色列开国、越南战争、20世纪60年代的美国民权运动和性解放……翻译接近尾声的时候，我突然觉得，这不仅仅是一本观鸟的故事，而是一个人寻找生活的目的、发现生命的意义的叙事，折射出了近80年美国社会的历史。

本书近300页，确定翻译出版后，觉得独立承担的话，时间上无法保障，于是我寻求合作者。很幸运，杭州鸟友吴晓丽为我推荐了程恳女士（网名“西风”），她是上海外国语学院英语科班出身，喜观鸟，也爱阅读此类读物，可以说我们的志趣是相投的，于是放手做起来。现在呈现在大家面前的译本，是我们的合作成果。我负责的部分为致谢、序言、第1章至第

5章，她负责了第6章至尾声。

这本书的翻译，我要感谢很多人。除了上面提到的，还要感谢老友缪哲、路旦俊，我碰到的一些难点，他们释疑解惑；也要感谢苏福忠，人民文学出版社外国文学的老编审，他通读了我翻译部分的稿件，除了指出错误，又从翻译理论的高度给我提出了不少有益的意见和建议；还要感谢夫人邹峙华，她始终是我作品的第一读者和编辑，这本书她用功尤深。其实说起观鸟活动，她比我更迷，相比之下，她是专家，我像是业余爱好，鸟名翻译每遇难题，没有她我肯定是一筹莫展。以上各位，使我的译稿避免了很多错误，也使我的译文更加出彩。还要感谢李庆西、马汝军、刘小磊、刘铮、钟嘉等友人，若不是他们，我在观鸟文化方面的热情不会持续至今，并且结出果实。当然，译文的错误在所难免，责任在我，在此向大家表达歉意。

秦　颖

写于2020年3月6日新冠肺炎疫情肆虐全球之际